"十四五"职业教育国家规划教材

高职高专计算机类专业教材·网络开发系列

网页设计与制作项目案例教程
（第2版）

秦凤梅　何桂兰　主　编

金　莉　梅青平　钟星宇　副主编

电子工业出版社

Publishing House of Electronics Industry

北京·BEIJING

内 容 简 介

本书为高职高专院校网页设计与制作相关课程的教材，主要内容包括网页设计与制作概述、HTML5页面元素及属性、CSS 美化 HTML 网页、网页 div+CSS 布局设计与制作、网页表格布局设计与制作、网页框架设计与制作、网页模板设计与制作、网页表单设计与制作、网页简单特效设计与制作，以及网页多媒体设计与制作。各项目内容通过项目导向、任务驱动逐步展开，不仅更好地体现了"能力导向，学生主体"的原则，也更好地适应了高职项目化的教学要求。本书配套的电子课件、素材等资源，请登录华信教育资源网（http://www.hxedu.com.cn）注册后免费下载。

本书既可以作为高职高专院校网页设计与制作相关课程的教材，也可以作为对网页设计与制作感兴趣的人员的学习参考用书。

图书在版编目（CIP）数据

网页设计与制作项目案例教程 / 秦凤梅，何桂兰主编. —2 版. —北京：电子工业出版社，2021.10

ISBN 978-7-121-42147-1

Ⅰ. ①网… Ⅱ. ①秦… ②何… Ⅲ. ①网页制作工具－案例－高等职业教育－教材 Ⅳ. ①TP393.092.2

中国版本图书馆 CIP 数据核字（2021）第 196372 号

责任编辑：左　雅　　　　　　特约编辑：田学清

印　　刷：固安县铭成印刷有限公司

装　　订：固安县铭成印刷有限公司

出版发行：电子工业出版社

北京市海淀区万寿路 173 信箱　　　　邮编 100036

开　　本：787×1 092　　1/16　　印张：17.25　　字数：431 千字

版　　次：2015 年 6 月第 1 版

2021 年 10 月第 2 版

印　　次：2025 年 2 月第 7 次印刷

定　　价：55.00 元

　　《网页设计与制作项目案例教程（第2版）》是在"'十二五'职业教育国家规划教材"《基于工作过程的网页制作教程》的基础上，在深入贯彻落实《国家职业教育改革实施方案》的背景下修订的。本书立足于学生职业能力培养，以模拟产业岗位实际生产环境、满足社会对网页设计与制作技能的需求为指导进行设计开发。本书由高职院校网页设计课程资深教师与重庆华日软件有限公司、深圳政元软件有限公司、青年荟教育科技（成都）有限责任公司、杭州普特教育咨询有限公司等多家阿里巴巴合作企业采取校企"双元"模式深度融合、共同开发。全书采用真实的工程案例对知识与技能体系架构进行分解，将"企业岗位任职要求、职业标准、工作过程和产品"作为教材的主体内容，将真实的网页设计与制作应用项目贯穿全书。本书具有职业性、实践性和开放性的特点，体现了"以学生为中心、学习成果为导向，促进自主学习"的教学观，能够较好地提升学生的学习兴趣和学习效率。

　　本书采用项目导向、任务驱动、知识技能模块化的课程设计，根据学生的认知特点分为上篇基础部分和下篇应用实践部分。上篇包括网页设计与制作概述、HTML5页面元素及属性、CSS美化HTML网页三大应用项目，下篇包括网页div+CSS布局设计与制作、网页表格布局设计与制作、网页框架设计与制作、网页模板设计与制作、网页表单设计与制作、网页简单特效设计与制作、网页多媒体设计与制作七大应用项目。每个项目结合企业具体的实际案例设计项目任务，以任务方式引领学习内容，强调理论与实践的结合，突出基本技能和实际操作能力的培养。在任务案例中自然融入思政元素，让学生在学习专业知识的同时，深刻理解社会主义核心价值观，增强爱国、爱校的情怀，体会敬业守心、精益求精、勇于创新的工匠精神。教师可结合本专业的人才培养定位灵活选取任务模块进行分类教学、因材施教。本书文字描述浅显、风趣、易懂，也适合学生课下自主学习，从而实现翻转教学模式。

　　本书由重庆城市管理职业学院秦凤梅、重庆电子工程职业学院何桂兰担任主编，由重庆理工职业学院金莉、重庆城市管理职业学院梅青平、重庆理工职业学院钟星宇担任副主编。其中，项目2至项目5由秦凤梅编写，项目6、项目7由何桂兰编写，项目1、项目8

由金莉编写，项目 9 由梅青平编写，项目 10 由钟星宇编写。参与编写的还有重庆理工职业学院裴晶晶及合作企业技术工程师等。全书由秦凤梅统稿。

  教材建设是一项系统工程，需要在实践中不断加以完善和改进。同时由于时间和编者水平所限，书中难免会有疏漏和不足之处，敬请同行专家和广大读者给予批评指正。

编　者

上篇　基础部分

上篇 基础部分

项目1
网页设计与制作概述

随着互联网技术的蓬勃发展，互联网满足了人们的大部分需求，如信息查询、娱乐、学习和购物等，使得网络与现实生活的结合越来越紧密。网站、网页作为人们浏览网上资源的载体，越来越多地得到人们的关注，越来越多的人开始学习设计与制作网页，更多的企业和个人也把自己的"家"搬到了网上。

本项目通过介绍网页的相关技术和概念，使初学者对网页和网站有一个总体的认识，并积累网页设计与制作经验。本项目以大国工匠人物信息展示页面为案例，介绍 HTML 文档的基本结构、基本语法和常用标签。本项目采用项目教学法，以任务驱动法教学，从而提高大家的学习积极性，充分体现了产教结合的思想目标。

1.1 任务目标

知识目标

1. 掌握 HTML 文档的基本结构。
2. 掌握 HTML 文档的编写方法。
3. 掌握标题文本标签。
4. 掌握段落文本标签。
5. 掌握在网页中插入图像的方法。

技能目标

1. 能使用记事本编写基本的 HTML 文档。
2. 能使用 Dreamweaver 编写 HTML 文档。
3. 能在 HTML 文档中进行文字和段落的标记。

4．能在 HTML 文档中插入图像。

5．能应用浏览器查看 HTML 文档的效果。

素质目标

1．培养规范的编码习惯。

2．培养团队的沟通、交流和协作能力。

3．培养学生精益求精的工匠精神。

1.2　知识准备

互联网（Internet）是一个全球性的计算机互联网络，中文名称为"国际互联网"或"因特网"。它集现代通信技术和现代计算机技术于一体，是计算机之间进行信息交流和实现资源共享的良好媒介。Internet 将各种各样的物理网络连接起来构成一个整体，而不考虑这些网络类型的异同、规模的大小和地理位置的差异，如图 1.2-1 所示。

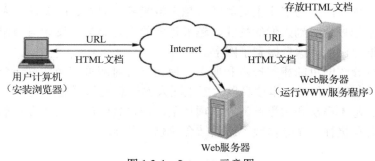

图 1.2-1　Internet 示意图

Internet 是全球最大的信息资源库，它几乎包括了人类生活方方面面的信息，如政府部门、教育、科研、商业、工业、出版、文化艺术、通信、广播电视、娱乐等方面的信息。经过多年的发展，互联网已经在社会的各个方面为全人类提供了便利，电子邮件、即时消息、视频会议、网络日志和网上购物等已经为越来越多的人提供了一种便捷的生活方式。

1.2.1　网站和网页概述

1．域名与空间

域名是由一串使用点分隔的名字组成的 Internet 上某一台计算机或计算机组的名称，用于在进行数据传输时标识计算机的电子方位，是互联网上企业、个人或机构之间相互联络的网络地址，如 baidu.com。在网络时代，域名是企业和事业单位进入 Internet 必不可少的身份证明。Internet 最初发源于美国，而最早的域名并无国家标识。由于国际域名资源十分有限，为了满足更多企业和事业单位对域名的申请要求，各个国家、地区在域名的最后加上了国家标记段，如中国是 cn、日本是 jp 等，因此形成了各个国家、地区的国内域名，如

cqcet.edu.cn，这样就扩大了域名的数量，满足了用户对域名的申请要求。在注册域名前应该在域名查询系统中查询所希望注册的域名是否已经被注册。几乎每一个域名注册服务商在自己的网站上都提供域名查询服务。图 1.2.1-1 和图 1.2.1-2 所示分别为在阿里云网站和华为云网站查询域名状态。

　　网站是建立在网络服务器上的一组文件，它需要占用一定的硬盘空间，这就是一个网站所需的网站空间。

图 1.2.1-1　在阿里云网站查询域名状态

图 1.2.1-2　在华为云网站查询域名状态

2. 网页与网站

　　网页是一个包含 HTML 标签的纯文本文档，它可以存放在世界某个角落的某一台与互联网相连的计算机中。网页是万维网中的一"页"，是网站的基本构成元素。网页经由网址（URL）来识别和存取，当用户在浏览器中输入网址后，该网页文档会被传送到用户的计算机上，然后通过浏览器解释网页文档中的内容，再展示到用户的面前。

　　网站是有独立域名、独立存放空间的内容的集合，这些内容可能是网页，也可能是程序或其他文件。不一定要有很多网页，只要有独立域名和空间，哪怕只有一个页面也可以叫网站。

　　网站就是由网页组成的，很多网页链接在一起就组成了一个网站。网页是构成网站的基本元素，是承载各种应用的平台。如果一个网站没有网页，那么该网站将是一个空站；如果一个网站只有域名和虚拟主机而没有任何网页，那么任何人都无法访问该网站。用户在浏览网站时，看到的第一个页面叫作主页，也可以称为首页。从首页出发，用户可以访问本网站中的每一个页面，也可以链接到其他网站。首页类似于图书中的目录，具有导航作用，如图 1.2.1-3 所示。

图 1.2.1-3　在浏览器中显示的网站首页效果

3．网页类型

　　网页可以分为多种类型。由于分类方法的不同，网页会有不同的类型。根据是否使用了服务器技术，人们把网页分为静态网页和动态网页。

　　在网站设计过程中，纯粹 HTML 格式的网页通常被称为静态网页，早期的网站一般都是由静态网页制作的。静态网页的网址形式通常是以.htm、.html、.shtml、.xml 等为后缀的。在 HTML 格式的网页上，也可以出现各种动态的效果，如 GIF 格式的动画、Flash 动画、滚动字母等。静态网页的特点：内容相对稳定，因此容易被搜索引擎检索；交互性较差，因此不能实现与浏览网页的用户之间的交互，使得服务器不能根据用户的选择来调整返回给用户的内容。

　　动态网页是指网页文档中包含了程序代码，使得网页显示的内容可以随着时间、环境或数据库操作的结果而发生改变。动态网页的后缀名称一般根据所使用的程序设计语言的不同而不同，如.asp、.jsp、.php 等。常见的 BBS、留言板和购物系统通常是使用动态网页实现的。由于动态网页的制作比较复杂，因此需要用到 ASP、JSP、PHP 等专门的动态网页设计语言。

　　静态网页和动态网页各有特点，因此网站采用动态网页还是静态网页主要取决于网站的功能需求和网站内容的多少。如果网站功能比较简单，内容更新量不是很大，则采用静态网页的方式会更简单，反之需要采用动态网页技术来实现。动态网页的程序都是在服务器端运行的，最后会把运行的结果返回给客户端浏览器进行显示。而静态网页则是事先制作好的，因此可以直接通过服务器传递给客户端浏览器进行显示。

4．网站类型

　　网站是多个网页的集合，目前没有严谨的网站分类方式。按照主体性质的不同，可以将网站分为门户网站、电子商务网站、新闻网站和个人网站等。

　　1）门户网站

　　门户网站是指通向某类综合性互联网信息资源并提供有关信息服务的应用系统。门户网站是互联网的"巨人"，拥有庞大的信息量和用户资源。门户网站将无数的信息进行整合、分类，为网站访问者打开了"方便之门"。绝大多数网民通过门户网站来寻找感兴趣的信息资源，所产生的巨大的访问量给这类网站带来了无限的商机。在全球范围中，著名的门户网站是谷歌及雅虎；而在中国，著名的门户网站有新浪、网易、搜狐、腾讯、百度、新华网、人民网、凤凰网等。新浪门户网站如图 1.2.1-4 所示。

图 1.2.1-4　新浪门户网站

2）电子商务网站

电子商务网站是指一个企业、机构或公司在互联网上建立的站点，是企业、机构或公司开展电子商务的基础设施和信息平台。电子商务网站为浏览者搭建起一个网络平台，浏览者和潜在客户可以在这个平台上进行交易/交流。电子商务网站的业务更依赖于互联网，它是公开的信息仓库。知名的电子商务网站有淘宝、阿里巴巴、京东、当当等，图 1.2.1-5 所示为当当购物网站。通过电子商务网站，商家可以将产品卖向全世界，而消费者足不出户便可以买遍全世界的商品，并且商家和企业可以同合作伙伴保持密切的联系，不仅可以改善合作关系，还可以为顾客提供及时的技术支持和技术服务，从而降低服务成本。

图 1.2.1-5　当当购物网站

3）新闻网站

新闻网站是指以经营新闻业务为主要生存手段的网站，包括国家大型新闻门户网站、商业门户网站、地方新闻门户网站，且各种行业门户网站也充当了该行业的新闻网站。随着网络的发展，作为一个全新的媒体，新闻网站受到越来越多的关注。新闻网站具有传播速度快、传播范围广、不受时间和空间限制等特点，因此得到了飞速的发展。新闻网站以其丰富的网络资源，逐渐成为继传统媒体之后的第四类新闻媒体。图 1.2.1-6 所示为人民网首页。

4）个人网站

个人网站是指个人或团体因某种兴趣、拥有某种专业技术、提供某种服务或为了把自己的作品、商品展示销售而制作的具有独立空间和域名的网站。个人网站是万维网上由个人创建的包含内容的网页，而不是个人性质的公司、组织或机构的代表。个人网站包括博客、个人论坛和个人主页等。网络的发展趋势就是向个人网站发展的。个人网站就是自己的心情驿站，有为了让拥有共同爱好的朋友能够相互交流而创建的网站，也有自我介绍的简历形式的网站。图 1.2.1-7 所示为天空学习网个人网站。

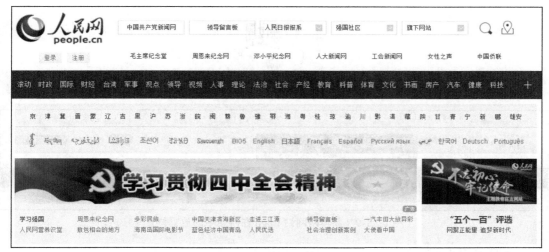

图 1.2.1-6　人民网首页

图 1.2.1-7　天空学习网个人网站

5. 网页的基本构成

在不同性质的网站中，构成网页的基本元素是不同的。网页中除了可以使用文本和图像，还可以使用丰富多彩的多媒体和 Flash 动画等。

1）网站 Logo

网站 Logo 也称网站标志，它是网站的象征，也是网站是否专业的标志之一。网站 Logo 应体现该网站的特色、内容及其内在的文化内涵和理念。成功的网站 Logo 有着独特的形象标识，在网站的推广和宣传中将起到事半功倍的作用。网站 Logo 一般放在网站页面的左上角，访问者一眼就能看到它。图 1.2.1-8 和图 1.2.1-9 所示分别为新华网网站 Logo 和其在网站中的放置位置。

图 1.2.1-8　新华网网站 Logo

图 1.2.1-9　新华网网站 Logo 在网站中的放置位置

2）网站 Banner

网站 Banner 是横幅广告，是互联网广告中最基本的广告形式。网站 Banner 可以位于网页顶部、中部或底部的任意位置，一般为横向贯穿整个或大半个页面的广告条。常见的网站 Banner 的尺寸是 480px×60px 或 233px×30px。可以使用 GIF 格式的图像文件、静态图像，也可以使用动画图像。此外，使用 Flash 能赋予网站 Banner 更强的表现力和交互能力。首先，网站 Banner 要美观，这个小的区域如果被设计得非常漂亮，让人看上去很舒服，那么即使网站 Banner 不是浏览者所要看的内容，或者是一些他们可看可不看的内容，他们也会很有兴趣去看看，点击就是顺理成章的事情了。其次，网站 Banner 要与整个网页协调，同时要突出、醒目，用色要同页面的主色相搭配，如主色是浅黄色，则网站 Banner 的用色就可以使用一些浅的其他颜色，切忌使用一些对比色。图 1.2.1-10 所示为新华网网站 Banner。

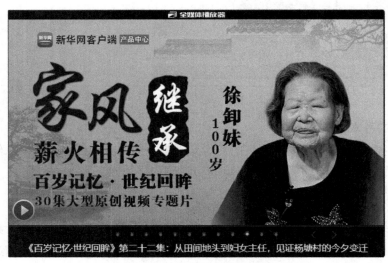

图 1.2.1-10　新华网网站 Banner

3）导航栏

导航栏是网页的重要组成元素，它的任务是帮助浏览者在站点内快速查找信息。好的导航系统应该能引导浏览者浏览网页而不迷失方向。导航栏的形式多样，它可以是简单的文字链接，也可以是设计精美的图像或丰富多彩的按钮，还可以是下拉菜单。一般来说，网站中的导航栏在各个页面中出现的位置是比较固定的，而且风格也较为一致。导航栏的位置一般有 4 种：在页面的左侧、右侧、顶部和底部。图 1.2.1-11 所示为新华网网站顶部导航栏，图 1.2.1-12 所示为当当网网站左侧导航栏。

| 时政 | 地方 | 法治 | 国际 | 军事 | 访谈 | 财经 | 汽车 | 房产 | 论坛 | 思客 | 网评 | 娱乐 | 金融 | 体育 | 信息化 | 数据 | 文化 | 时尚/悦读 |
| 高层 | 人事 | 理论 | 港澳 | 台湾 | 广播 | 教育 | 科技 | 能源 | 图片 | 视频 | 彩票 | 食品 | 公司 | 健康 | 无人机 | 公益 | 旅游 | 一带一路 | ∨ |

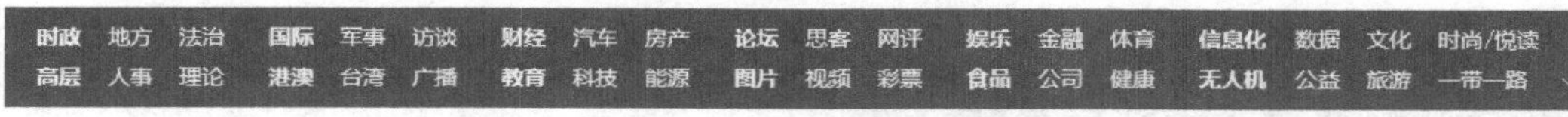

图 1.2.1-11　新华网网站顶部导航栏

4）文本

网页内容是网站的灵魂，网页中的信息以文本为主。无论制作网页的目的是什么，文本都是网页中最基本的、必不可少的元素。与图像相比，文字虽然不如图像那样易于吸引浏览者的注意，但是却能准确地表达信息的内容和含义。一个内容充实的网站必然会使用大量的文本，而良好的文本格式可以创建出别具特色的网页，从而激发浏览者的兴趣。为了克服文字固有的缺点，人们赋予了文本更多的属性，如字体、字号和颜色等。通过设置文本格式，可以突出显示重要的内容；通过在网页中设置各种各样的文字列表，可以明确表达一系列的项目。这些功能给网页中的文本增加了新的生命力。图 1.2.1-13 所示为新华网首页的正文部分，其中包含了大量的文本。

图 1.2.1-12　当当网网站左侧导航栏

图 1.2.1-13　新华网首页的正文部分

5）图像

图像在网页中具有提供信息、展示形象、装饰网页、表达个人情感和风格的作用，是文本的说明和解释。在网页中的适当位置放置一些图像，不仅可以使文本清晰易读，而且可以使得网页更有吸引力。在网页中可以使用 GIF、JPEG 和 PNG 等多种格式的图像，其中使用十分广泛的是 GIF 和 JPEG 格式的图像。在网页中使用图像的效果如图 1.2.1-14 所示，可以看到，在网页中插入图像可以生动形象地展示信息。

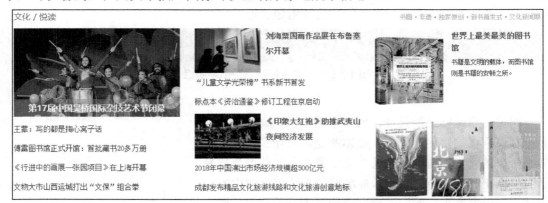

图 1.2.1-14　在网页中使用图像的效果

1.2.2　网页设计素养

成功的网站首先需要优秀的设计，然后辅以优秀的制作。设计是网站的核心和灵魂，是一个将感性思考与理性分析相结合的复杂过程，它的方向取决于设计的任务，它的实现依赖于网页的制作。在网页设计中，最重要的东西并非在软件的应用上，而是在网页设计师对网页设计的理解及设计制作的水平上，也是在网页设计师自身的美感及对页面的把握上。一名网页设计师首先需要具备审美的能力，而网页设计就相当于平面设计，因此网页设计师可以将平面设计中的审美观点套用到网页设计上，可以发现平面设计中的审美观点在网页设计中非常实用。例如，对比、均衡、重复、比例、近似、渐变和节奏美、韵律美等，以及通过色彩搭配显示出的轻快、活泼的美，这些都能在网页上显示出来，反映了网页设计师高超的审美能力。

1．网页设计原则

网页设计是有原则的，无论使用什么方法对网页元素进行组合，都必须遵循统一、连贯、分割、对比及和谐这五大原则。

1）统一原则

统一原则就是指设计作品的整体性和一致性。设计作品的整体效果是至关重要的，因此在网页设计中切勿将各组成部分孤立分散，否则会使页面呈现出一种枝蔓纷杂的凌乱效果。

2）连贯原则

连贯原则就是指要注意页面各组成部分之间的相互关系。在网页设计中，应利用各组成部分在内容上的内在联系和在表现形式上的相互呼应，并且注意整个页面设计风格的一致性，从而实现视觉上和心理上的连贯，使整个页面设计的各个部分极为融洽，犹如一气呵成。

3）分割原则

分割原则就是指将页面分成若干小块，由于小块之间有视觉上的不同，因此这样可以使浏览者对页面内容一目了然。在信息量很多时，为了使浏览者能够看清楚页面内容，就需要将页面进行有效的分割。分割不仅是表现形式上的需要，换个角度来讲，分割也可以被视为对页面内容的一种分类与归纳。

4）对比原则

对比原则就是指通过矛盾和冲突使设计更加富有生气。对比的方法有很多，如多与少、曲与直、强与弱、长与短、粗与细、疏与密、虚与实、主与次、黑与白、动与静、美与丑、聚与散等。在使用对比时应慎重，这是因为如果对比过强，则容易破坏美感，影响页面设计风格的统一。

5）和谐原则

和谐原则就是指整个页面符合美的法则，浑然一体。如果一件设计作品仅仅是色彩、形状、线条等的随意混合，那么该设计作品将不但没有"生命感"，而且也根本无法实现视觉设计的传达功能。和谐不仅要看设计作品的结构形式，而且要看设计作品所形成的视觉效果能否与人的视觉感受形成一种沟通，从而产生"心灵的共鸣"，这是设计作品能否成功的关键。

2．网页配色

不同的色彩代表了不同的情感，因此不同的色彩有着不同的象征含义。这些象征含义是人们思想交流中的一个复杂问题，它因人的年龄、地域、时代、民族、阶层、经济水平、工作能力、教育水平、风俗习惯、宗教信仰、生活环境、性别等的差异而有所不同。单纯的颜色并没有实际的意义，和不同的颜色进行搭配，它所表现出来的效果也不同。即使再枯燥的内容，如果搭配上颜色，人们也会忍不住多看两眼，这是因为好奇是人的天性，而亮丽的颜色恰恰可以激发人的这种天性。色彩的重要性不言而喻，但是网站设计者清楚地明白网站在需要色彩的同时，还需要遵循配色原则。

3．网页设计配色原则

（1）色彩的鲜明性。如果一个网站的色彩鲜明，很容易引人注意，就会给浏览者耳目一新的感觉。

（2）色彩的独特性。网站的配色要有自己独特的风格，这样才能给浏览者留下深刻的印象。

（3）色彩的艺术性。网站设计是一种艺术活动，因此必须遵循艺术规律。按照内容决定形式的原则，在考虑网站本身特点的同时，还要大胆进行艺术创新，这样才能设计出既符合网站要求，又具有一定艺术特色的网站。

（4）色彩搭配的合理性。色彩需要根据主题来确定，不同的主题需要选用不同的色彩。例如，使用蓝色可以体现科技型网站的专业；使用粉红色可以体现女性的柔情；使用绿色和金黄色、淡白色的搭配可以营造优雅、舒适的气氛；使用蓝色和白色的搭配可以营造柔顺、淡雅、浪漫的气氛；使用红色和黄色、金色的搭配可以渲染喜庆的气氛；而使用金色和栗色的搭配则可以给人带来温暖的感觉。

4．网页色彩搭配方法

网页配色很重要，这是因为网页色彩搭配是否合理将会直接影响浏览者的情绪。好的色彩搭配会给浏览者带来很强的视觉冲击力，而不恰当的色彩搭配则会让浏览者浮躁不安。

（1）同种色彩搭配。同种色彩搭配是指首先选定一种色彩，然后调整其透明度和饱和度，将色彩变淡或加深，从而产生新的色彩。采用同种色彩搭配的页面看起来色彩统一，具有层次感。

（2）邻近色彩搭配。邻近色是指在色环上相邻的颜色，如绿色和蓝色、红色和黄色即互为邻近色。采用邻近色彩搭配可以使网页避免色彩杂乱，易于达到页面和谐统一的效果。

（3）对比色彩搭配。一般来说，色彩的三原色（红色、黄色、蓝色）最能体现色彩之间的差异。强烈的色彩对比具有视觉冲击力，能够起到几种实现的作用。使用对比色彩可以突出重点，产生强烈的视觉效果。通过合理使用对比色彩，能够使网站特色鲜明、重点突出。在进行网页设计时，通常以一种颜色为主色调，以其对比色彩作为点缀，以起到画龙点睛的作用。

（4）暖色色彩搭配。暖色色彩搭配是指使用红色、橙色、黄色和集合色等色彩的搭配。采用暖色色彩搭配可以为网页营造出温馨、和谐和热情的氛围。

（5）冷色色彩搭配。冷色色彩搭配是指使用绿色、蓝色及紫色等色彩的搭配。采用冷色色彩搭配可以为网页营造出宁静、清凉和高雅的氛围，而使用冷色色彩与白色的搭配一般会获得较好的视觉效果。

（6）有主色的混合色彩搭配。有主色的混合色彩搭配是指以一种颜色作为主要颜色，同时辅以其他色彩的混合搭配。采用有主色的混合色彩搭配可以形成缤纷而不杂乱的搭配效果。

（7）文字内容的颜色与网页的背景颜色对比要突出。若底色深，则文字的颜色应浅一些，以深色的背景衬托浅色的内容；若底色淡，则文字的颜色应深一些，以浅色的背景衬托深色的内容。

1.2.3　Web 标准

Web 标准也称网页标准，它不是某一个标准，而是一系列标准的集合。网页主要由结构（Structure）、表现（Presentation）和行为（Behavior）三部分组成，对应的标准也分为结构标准、表现标准和行为标准三方面。其中，大部分标准是由 W3C 起草和发布的，也有一些标准是由其他标准组织制定的，如 ECMA（European Computer Manufacturers Association）制定的 ECMAScript 标准。

1．结构标准

1）XML

XML 是 Extensible Markup Language（可扩展标识语言）的缩写。目前，推荐遵循的是由 W3C 于 2000 年 10 月 6 日发布的 XML 1.0。与 HTML 相同，XML 同样来源于 SGML。

最初设计 XML 的目的是弥补 HTML 的不足。XML 以强大的扩展性满足了网络信息发布的需要，后来逐渐用于进行网络数据的转换和描述。

2）XHTML

XHTML 是 The Extensible HyperText Markup Language（可扩展超文本标识语言）的缩写。目前，推荐遵循的是由 W3C 于 2000 年 1 月 26 日发布的 XHTML 1.0。XML 虽然进行数据转换的能力强大，完全可以替代 HTML，但是面对成千上万个已有的基于 HTML 设计的站点，直接采用 XML 还为时过早。因此，W3C 在 HTML 4.0 的基础上，使用 XML 的规则对其进行扩展，从而得到了 XHTML。简单来说，建立 XHTML 的目的就是实现 HTML 向 XML 的过渡。

2. 表现标准

CSS 是 Cascading Style Sheets（层叠样式表）的缩写。目前，推荐遵循的是由 W3C 于 1998 年 5 月 12 日发布的 CSS2。W3C 创建 CSS 标准的目的是以 CSS 取代 HTML 表格式布局、帧和其他表现形式的语言。将纯 CSS 布局与 XHTML 结构相结合能帮助 Web 设计师分离外观与结构，使得对站点的访问及维护更加容易。

3. 行为标准

1）DOM

DOM 是 Document Object Model（文档对象模型）的缩写。根据 W3C 发布的 DOM 规范可知，DOM 是一种与浏览器、平台、语言无关的应用程序接口，可以使用户访问页面其他的标准组件。DOM 解决了 Netscape 的 JavaScript 和 Microsoft 的 JScript 之间的冲突，给予 Web 设计师和开发者一个标准的方法，让他们可以访问其站点中的数据、脚本和表现层对象。

2）ECMAScript

ECMAScript 是由 ECMA（European Computer Manufacturers Association）制定的标准脚本语言（JavaScript）。目前，推荐遵循的是 ECMAScript-262。

1.2.4 HTML 基础

HTML（HyperText Markup Language，超文本标记语言）主要用来创建与系统平台无关的网页文档，它不是编程语言，而是一种描述性的标记语言。使用 HTML 可以创建能在互联网上传输的网页文档，其扩展名为.htm 或.html。HTML 能够将 Internet 中的文字、声音、图像、动画和视频等媒体文件有机地组织起来，最终向用户展现出五彩缤纷的页面。

1. HTML 的发展史

自从 HTML 1.0 发布后，浏览器开发商陆续加入了更具有装饰效果的各种属性和标签，使得 HTML 越来越复杂。其中，XHTML 是以 HTML 4.01 为基础发展出的一种更为严谨的标记语言，是 HTML 的一种过渡语言。目前，HTML 的版本号是 5.0。HTML 的发展历程如下所述。

（1）HTML 1.0：1993 年 6 月作为互联网工程工作小组（IETF）工作草案发布。

（2）HTML 2.0：1995 年 11 月作为 RFC 1866 发布，于 2000 年 6 月发布之后被宣布已经过时。

（3）HTML 3.2：1997 年 1 月 14 日，W3C 推荐标准。

（4）HTML 4.0：1997 年 12 月 18 日，W3C 推荐标准。

（5）HTML 4.01（微小改进）：1999 年 12 月 24 日，W3C 推荐标准。

（6）HTML5：HTML5 是公认的下一代 Web 语言，它极大地提升了 Web 在富媒体、富内容和富应用等方面的能力，被喻为"终将改变移动互联网的重要推手"。

2．HTML 的作用

HTML 作为一种网页内容标识语言，易学、易懂。熟练使用该语言可以制作功能强大、美观大方的网页。HTML 的主要作用说明如下。

（1）标识文本。例如，定义标题文本、段落文本、列表文本和预定义文本等。

（2）建立超链接。通过超链接可以访问互联网上的所有信息，当使用鼠标单击超链接时，会自动跳转到链接页面。

（3）创建列表。将信息有序地组织在一起，以便浏览。

（4）在网页中显示图像、声音、视频、动画等多媒体信息，把网页设计得更富冲击力。

（5）制作表格，以便显示大量数据。

（6）制作表单，允许用户在网页内输入文本信息，并执行其他的用户操作，方便信息互动。

3．HTML 文档的基本结构

完整的 HTML 文档包括标题、段落、列表、表格及各种嵌入对象，这些对象统称为 HTML 元素。一个基本的 HTML 文档由以下几部分构成：

```
<html>
<head>
<title>网页标题</title>
</head>
<body>
网页内容
</body>
</html>
```

（1）<html></html>。<html>标签用于说明该页面是使用 HTML 编写的，从而使浏览器能够准确无误地解释、显示该页面。

（2）<head></head>。<head>标签是 HTML 中的头部标签，由于头部信息不显示在网页中，因此此标签可以保护其中的其他标签，用于说明文件标题和整个文件的一些公用属性。例如，可以通过<style>标签定义 CSS 样式，也可以通过<script>标签定义 JavaScript 脚本文件。

（3）<title></title>。<title>标签是<head>标签中的重要组成部分，它包含的内容显示在浏览器的窗口标题栏中。如果没有<title>标签，则浏览器的窗口标题栏中将显示该 HTML 页面的文件名。

（4）<body></body>。<body>标签包含 HTML 页面的实际内容，显示在浏览器窗口的客户区中。例如，页面中的文字、图像、动画、超链接及其他与 HTML 相关的内容都是定义在<body>标签中的。

4．HTML 的语法

在编写 HTML 文档时，必须遵循 HTML 的语法规范。HTML 文档实际上就是一个文本文件，由标签和信息混合组成。当然，这些标签和信息必须遵循一定的组合规则，否则是无法被浏览器解析的。所有的标签都包含在起止标识符<和>中，构成一个标签。标签可以分为单标签和双标签两种类型。

1）单标签

单标签的形式为<标签 属性=参数>，常见的单标签有强制换行标签
、分隔线标签<hr>、插入文本框标签<input>等。

2）双标签

双标签的形式为<标签 属性=参数>对象</标签>，如定义"奥运"两个字的字体大小为5 号、颜色为红色的标签为<font size=5 color=red>奥运</font>。

需要说明的是，在 HTML 中大多数标签是双标签的形式。

5．HTML 中常用标签

1）文本格式标签

文本格式标签主要用于标识文本区块，并附带一定的显示格式，主要标签如下所述。

：换行标签，它是单独出现的。

<title>...</title>：用于标识网页标题。

<hi>...</hi>：用于标识标题文本。其中，i 表示 1、2、3、4、5、6，分别表示一级、二级、三级等标题。

<p>...</p>：用于标识段落文本。

<pre>...</pre>：用于标识预定义文本。

<blockquote>...</blockquote>：用于标识引用文本。

2）字符格式标签

字符格式标签主要用于标识部分文本字符的语义，很多字符格式标签可以使文本呈现一定的显示效果。例如，加粗效果显示、斜体效果显示或下画线效果显示等。主要标签如下所述。

<b>...</b>：用于标识强调文本，以加粗效果显示。

<i>...</i>：用于标识引用文本，以斜体效果显示。

<blink>...</blink>：用于标识闪烁文本，以闪烁效果显示。IE 浏览器不支持该标签。

<big>...</big>：用于标识放大文本，以放大效果显示。

<small>...</small>：用于标识缩小文本，以缩小效果显示。

^{...}：用于标识上标文本，以上标效果显示。

_{...}：用于标识下标文本，以下标效果显示。

3）列表标签

在 HTML 文档中，列表结构可以分为无序列表和有序列表两种类型。无序列表使用项目符号来标识列表项目，而有序列表则使用编号来标识列表项目的顺序。具体使用的标签说明如下。

<ul>...</ul>：用于标识无序列表。

<ol>...</ol>：用于标识有序列表。

<li>...</li>：用于标识列表项目。

另外，还可以标识定义列表。定义列表是一种特殊的结构，它包括词条和解释两块内容。定义列表使用的标签说明如下。

<dl>...</dl>：用于标识定义列表。

<dt>...</dt>：用于标识词条。

<dd>...</dd>：用于标识解释。

4）图像标签

<img>：图像标签。<img>标签常用的属性有 src（图像文件的 UDRL）、alt（在图像无法显示时的替代文本）和 border（边框）等。

5）标题文本标签

<hi>...</hi>：标题文本标签。<hi>标签中的 i 表示 1、2、3、4、5、6，分别表示一级、二级、三级等标题。

6）链接标签

<a>：链接标签。<a>标签常用的属性有 href（创建超文本链接）、name（创建位于文档内部的书签）、target（决定链接源的显示位置，参数有_blank、_parent、_self 和_top）等。

7）表格标签

表格标签用于组织和管理数据，主要包括下面几个标签。

<table>...</table>：用于定义表格结构。

<caption>...</caption>：用于定义表格标题。

<th>...</th>：用于定义表头。

<tr>...</tr>：用于定义表格行。

<td>...</td>：用于定义表格单元格。

<table>标签常用的属性有 cellpadding（定义表格内距，数值单位是像素）、cellspacing（定义表格间距，数值单位是像素）、border（定义表格边框粗细，数值单位是像素）、width（定义表格宽度，数值单位是像素或窗口百分比）、background（定义表格背景）。

8）表单标签

<form>：表单标签。<form>标签常用的属性有 action（接收数据的服务器的 URL）、method（HTTP 的方法，有 post 和 get 两种方法）和 onsubmit（当提交表单时发生的内部事件）等。

9）滚动字幕标签

<marquee>...</marquee>：滚动字幕标签。在<marquee>和</marquee>标签内放置贴图则可以实现图片滚动。常用的属性有 direction（滚动方向，参数有 up、down、left 和 right）、loop（循环次数）、scrollamount（设置每次滚动时移动的长度，单位为像素，也就是滚动速度，默认值为 6，值越大，滚动速度越快，一般 5～10 比较适合查看消息）、scrolldelay（设置每次滚动时的时间间隔，以毫秒为单位，默认值为 85，值越大，滚动速度越慢，通常不设置）、height（设置对象的滚动高度，单位为像素或百分比）等。

10）注释标签

<!--...-->：注释标签。注释的目的是便于其他人阅读代码。注释部分只在源代码中显示，并不会出现在浏览器中。

6．HTML 文档的编写方法

HTML 文档的编写方法比较简单。我们可以使用任何一种文本编辑工具来编写 HTML

文档，如 Dreamweaver、WebStorm、HBuilder 和记事本等。

1）使用记事本手动编写 HTML 文档

HTML 是一种以文字为基础的语言，并不需要特殊的开发环境，因此可以直接在 Windows 自带的记事本中编写 HTML 代码。HTML 文档以.html 为扩展名，将 HTML 源代码输入记事本并保存后，可以在浏览器中打开该 HTML 文档以查看其效果。使用记事本编写 HTML 文档的具体操作步骤如下所述。

在任务栏中选择"开始"→"附件"→"记事本"命令，打开记事本，在记事本中编写 HTML 代码，如图 1.2.4-1 所示。

图 1.2.4-1　在记事本中编写 HTML 代码

当编写完 HTML 代码后，选择菜单栏中的"文件"→"保存"命令，在弹出的"另存为"对话框中，将该 HTML 文档保存为扩展名为.htm 或.html 的文件即可，如图 1.2.4-2 所示。

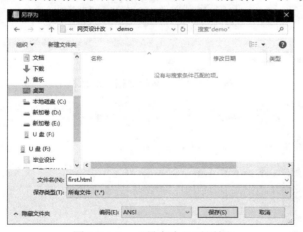

图 1.2.4-2　"另存为"对话框

单击"保存"按钮，即可保存该 HTML 文档。然后在浏览器中打开该 HTML 文档，即可预览网页效果，如图 1.2.4-3 所示。

Dreamweaver 是一款非常优秀的网页设计与制作工具。使用 Dreamweaver 创建 HTML 文档的具体操作步骤如下所述。

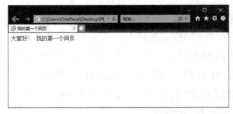

图 1.2.4-3　预览网页效果

　　打开 Dreamweaver，选择"文件"下拉菜单中的"新建"命令，会弹出如图 1.2.4-4 所示的"新建文档"对话框。Dreamweaver 提供了一些可供使用的模板，这里使用最基本的、也是默认的一种模板，就是在"空白页"标签的"页面类型"列表框中的"HTML"选项。由于是默认的页面类型，因此可以直接单击"创建"按钮，新建一个 HTML 文档，然后单击文档中的"代码"按钮，打开代码视图，如图 1.2.4-5 所示。在代码视图中输入 HTML 代码，如图 1.2.4-6 所示，然后切换到设计视图，效果如图 1.2.4-7 所示。在代码编写完成后，将该新建文档保存到本地文件夹中。最后在浏览器中打开该 HTML 文档，即可预览网页效果，如图 1.2.4-8 所示。

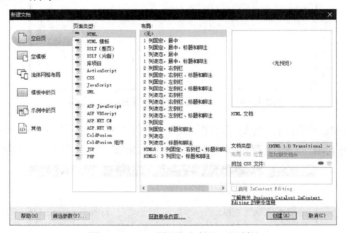

图 1.2.4-4　"新建文档"对话框

图 1.2.4-5　代码视图

图 1.2.4-6　输入 HTML 代码

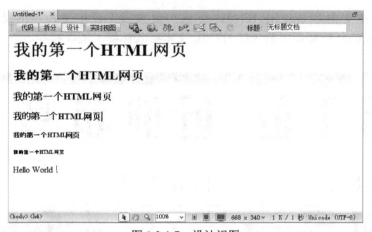

图 1.2.4-7　设计视图

图 1.2.4-8　预览网页效果

1.2.5 网页设计常用软件

在学习任务实施之前，请读者做好以下软件准备：

- 推荐 Dreamweaver CS5 及其以上版本的软件，本书以 Dreamweaver CS6 来讲解。
- IE6 及其以上版本的浏览器（Windows 系统自带，推荐安装 IE8 浏览器）。
- Firefox 6 及其以上版本的浏览器（作为标准浏览器之一，Firefox 浏览器是检查网页浏览器兼容性的"利器"）。

1.3 任务实施

任务陈述

本任务的主要内容是使用 HTML 标签实现大国工匠年度人物信息展示页面（见图 1.3-1）。涉及的基础知识主要包括 HTML 文本格式标签、图像标签、段落标签、特殊符号等。

 大国工匠人物信息

大国工匠 匠心筑梦

2018年 "大国工匠年度人物"

高凤林：站在巅峰之上的大国工匠

　　突破极限精度，将"龙的轨迹"划入太空；破解20载难题，让中国繁星映亮苍穹。焊花闪烁，岁月寒暑，为火箭铸"心"，为民族筑梦，他就是——中国航天科技集团有限公司第一研究院首都航天机械有限公司特种熔融焊接工、高级技师高凤林。

高凤林参与过一系列航天重大工程，焊接过的火箭发动机占我国火箭发动机总数的近四成。攻克了长征五号的技术难题，为北斗导航、嫦娥探月、载人航天等国家重点工程的顺利实施以及长征五号新一代运载火箭研制作出了突出贡献。多年来高凤林同志共攻克关96项之多，1994年以焊缝熔成型第一个完成美国ABS焊接取证认可，受到美国船检官员的称赞并被首推该试件为工艺评定试件。并多次作为厂、院、北京市焊接教练、集团公司命题组长、参加全国比赛，并取得好成绩。著有论文多篇分别发表于《航天制造技术》、《航天产品应用焊接技术》等刊物。其事迹多次被收入《中华名人录》、《当代人才》、《国际人才》等期刊和中央台《说话实说》、《焦点访谈》等节目。自参加工作以来，安心一线工作，多次谢绝了外界高薪聘请，工作加班加点、任劳任怨、刻苦钻研、技术精益求精，是公司青年尤其是青年工人的楷模。

1991年，高凤林以精湛的技术和突出贡献被破格评为国家技师。

1997年，他被评聘为高级技师，2000年又评聘为特级技师。

1983年以来，高凤林同志连年获得厂、院优秀团员、党员、新长征突击手、先进生产者、十佳青年等称号共二十多项。此外，他还在1986年获北京市国防工业工会优秀积极分子；1991年获部青工技术比赛实际第一、理论第二；1995年获部级科技进步一等奖；1996年获国家科技进步二等奖；同年获航天百优"十杰"青年、航天部劳动模范、航天技术能手、中央国家机关"十杰"青年；1997年获全国青年岗位能手、全国十大能工巧匠等称号；1999年获中国航天基金奖。

2015年被评为全国劳动模范。

2017年11月9日，获得第六届全国道德模范敬业奉献类奖项。

2017北京榜样年榜人物当选者。

2019年1月18日，当选2018年"大国工匠年度人物"。

2019年4月，荣获"最美职工"荣誉称号。

2019年9月25日，高凤林获"最美奋斗者"个人称号。

图 1.3-1 大国工匠年度人物信息展示页面

任务 1：实现大国工匠年度人物的图像信息展示

步骤一：新建 HTML 文档，插入标题图像

（1）新建 HTML 文档，保存为 craftsman.html。然后在 Dreamweaver CS6 工作环境下，选择菜单栏中的"插入"→"图像"命令，打开如图 1.3-2 所示的"选择图像源文件"对话框，选择想要插入的图像，单击"确定"按钮即可插入图像，如图 1.3-3 所示。

图 1.3-2 "选择图像源文件"对话框

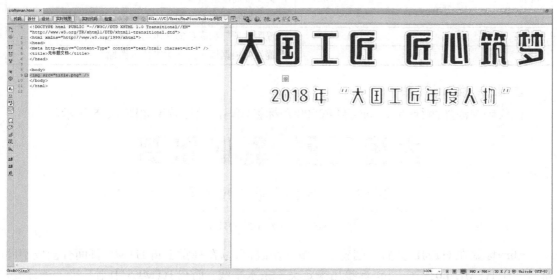

图 1.3-3 插入图像的效果

（2）直接在代码视图中使用\<img\>标签插入图像，如图1.3-4所示。

图1.3-4　在代码视图中使用\<img\>标签插入图像

图像是网页构成中重要的元素之一，美观的图像可以为网站增添生命力，也可以加深用户对网站风格的印象。\<img\>标签的相关属性如表1.3-1所示。

表1.3-1　\<img\>标签的相关属性

属　　性	描　　述
src	图像的源文件
alt	提示文字
width,height	定义图像的宽度和高度
border	定义图像周围的边框
vspace	设置图像左侧和右侧的文本与图像之间的间距
hspace	设置图像顶部和底部的文本与图像之间的间距
align	设置如何根据周围的文本来排列图像

步骤二：插入水平线

在代码中添加两行\<hr color="#FF0000"/\>标签代码，运行效果如图1.3-5所示。

大国工匠 匠心筑梦

2018年 "大国工匠年度人物"

图1.3-5　插入水平线的效果

\<hr\>标签在HTML页面中创建了一条水平线，可以在视觉上将HTML页面分割成不同部分。在HTML 4.01中，\<hr\>标签用来定义一条水平线。而在HTML5中则升级了该标签，使其具有了语义，可以用来定义主题的变化，如话题的转移，并显示一条水平线。

\<hr\>标签的align、noshade、size和width属性在HTML 5中已经不被支持，其样式需要通过CSS进行设置。

步骤三：在同一行插入大国工匠年度人物的图像

（1）使用<img>标签插入 10 位年度人物的图像，设置其高度和宽度，并实现鼠标指针在图像上悬停时显示人物信息。

（2）使用<nobr>标签设置图像强制不换行，并使用转义字符 在图像之间添加空格，效果如图 1.3-6 所示，关键代码如下：

```
<hr color="#FF0000" />
  <nobr>
  <img src="高凤林.jpg" width="164" height="152"  alt="高凤林" />   
  <img src="李万君.jpg" width="164" height="152"  alt="李万君" />   
  <img src="夏 立.jpg" width="164" height="152"  alt="夏 立" />   
  <img src="王 进.jpg" width="164" height="152"  alt="王 进" />   
  <img src="朱恒银.jpg" width="164" height="152"  alt="朱恒银" />   
  <img src="乔素凯.jpg" width="164" height="152"  alt="乔素凯" />   
  <img src="陈行行.jpg" width="164" height="152"  alt="陈行行" />   
  <img src="王树军.jpg" width="164" height="152"  alt="王树军" />   
  <img src="谭文波.jpg" width="164" height="152"  alt="谭文波" />   
  <img src="李云鹤.jpg" width="164" height="152"  alt="李云鹤" />   
  </nobr>
<hr color="#FF0000" />
```

图 1.3-6　任务 1 完成后的效果

<nobr>标签是强制不换行标签，格式为<nobr>内容</nobr>，不换行内容位于<nobr>与</nobr>标签之间。如果未遇到
换行标签，则内容在一行显示；如果遇到
换行标签，则内容将在加
换行标签处自动换行。

转义字符（Escape Sequence）也称字符实体（Character Entity）。在 HTML 中，像<和>这类符号已经用来表示 HTML 标签，因此就不能被直接当作文本中的符号来使用。为了在 HTML 文档中使用这类符号，需要定义这类符号的转义字符。当解释程序遇到这类字符时，会将其解释为真实的字符。在输入转义字符时，需要严格遵守字母大小写的规则。常见的转义字符如表 1.3-2 所示。

表 1.3-2　常见的转义字符

显　　示	说　　明	实　体　名　称	实　体　编　号
	空格		
<	小于	&lt;	&#60;
>	大于	&gt;	&#62;
&	&符号	&amp;	&#38;
"	双引号	&quot;	&#34;

显　示	说　明	实体名称	实体编号
©	版权	&copy;	&#169;
®	已注册商标	&reg;	&#174;

任务2：实现大国工匠年度人物的文字信息展示

步骤一：插入标题文字，并设置为粗体

在代码中输入标题文字，并利用<h2>标签设置字体样式，代码如下：

```
<h2>高凤林：站在巅峰之上的大国工匠</h2>
```

步骤二：输入文字信息，并利用<p>...</p>、...、<mark>...</mark>、
 标签设置文本样式

关键代码如下：

```
<h2><font color="#0033FF">高凤林：站在巅峰之上的大国工匠</font></h2>
<p><font size="6" color="#000000"><b>
    突破极限精度，将"龙的轨迹"划入太空；破解20载难题，让中国繁星映
亮苍穹。焊花闪烁，岁月寒暑，为火箭铸"心"，为民族筑梦</b>，他就是——中国航天科技集团有限公司第一研究
院首都航天机械有限公司特种熔融焊接工、高级技师高凤林。</font></p>
<center>
<nobr> <img src="高凤林.jpg" width="381" height="257" />
     <img src="高凤林1.jpg" width="381" height="257" />
     <img src="高凤林2.jpg" width="381" height="257" />
     <img src="高凤林3.jpg" width="381" height="257" />
</nobr></center>
<font size="6" color="#000000">     高凤林参与过一系列航天重大
工程，焊接过的火箭发动机占我国火箭发动机总数的近四成。攻克了长征五号的技术难题，为北斗导航、嫦娥探月、
载人航天等国家重点工程的顺利实施以及长征五号新一代运载火箭研制做出了突出贡献。<br>
    多年来高凤林同志共攻克难关96项之多，1994年以最佳焊缝成型第一个
完成美国ABS焊接取证认可，受到美国船检官员的称赞并被首推该试件为工艺评定试件。并多次作为厂、院、北京市
焊接教练、集团公司命题组长、参加全国比赛，并取得好成绩。著有论文多篇分别发表于《航天制造技术》《航天产
品应用焊接技术》等刊物。由于贡献突出，其事迹多次被收入《中华名人录》《当代人才》《国际人才》等期刊和中
央台《实话实说》《焦点访谈》等节目。自参加工作以来，安心一线工作，多次谢绝了外界高薪聘请，工作加班加点、
任劳任怨、刻苦钻研、技术精益求精，是公司青年尤其是青年工人的楷模。<br>
    1991年，高凤林以精湛的技术和突出贡献被破格评聘为国家技师。<br>
    1997年，他被评聘为高级技师，2000年又评聘为特级技师。<br>
    1983年以来，高凤林同志连年获得厂、院优秀团员、党员、新长征突击手、
先进生产者、十佳青年等称号共二十多项。此外，他还在1986年获北京市国防工业工会优秀积极分子；1991年获部
青工技术比赛实际第一、理论第二；1995年获部级科技进步一等奖；1996年获国家科技进步二等奖；同年获航天百
优"十杰"青年、航天部劳动模范、航天技术能手、中央国家机关"十杰"青年；1997年获全国青年岗位能手、全国十
大能工巧匠等称号、1999年获中国航天基金奖。<br>
    2015年被评为全国劳动模范。<br>
    2017年11月9日，获得第六届全国道德模范敬业奉献类奖项。<br>
    2017北京榜样年榜人物当选者。<br>
    2019年1月18日，当选2018年"大国工匠年度人物"。<br>
    2019年4月，荣获"最美职工"荣誉称号。<br>
    2019年9月25日，高凤林获"最美奋斗者"个人称号。<br>
</font>
```

效果如图 1.3-7 所示。

高凤林：站在巅峰之上的大国工匠

突破极限精度，将"龙的轨迹"划入太空；破解20载难题，让中国繁星映亮苍穹。焊花闪烁，岁月寒暑，为火箭铸"心"，为民族筑梦，他就是——中国航天科技集团有限公司第一研究院首都航天机械有限公司特种熔融焊接工、高级技师高凤林。

高凤林参与过一系列航天重大工程，焊接过的火箭发动机占我国火箭发动机总数的近四成。攻克了长征五号的技术难题，为北斗导航、嫦娥探月、载人航天等国家重点工程的顺利实施以及长征五号新一代运载火箭研制做出了突出贡献。几十年来高凤林同志共攻克难关96项之多，1994年以最佳熔接成型第一个完成美国ABS焊接取证认可，受到美国船检官员的称赞并被首推该试件为工艺评定试件。并多次作为厂、院、北京市焊接技术、集团公司命题组长，参加国内比赛，并取得好成绩。曾有论文多篇分别发表于《航天制造技术》、《航天产品应用焊接技术》等刊物。由于贡献突出，其事迹多次被收入《中华名人录》、《当代人才》、《国际人才》等期刊和中央电台《实话实说》、《焦点访谈》等节目。自参加工作以来，安心一线工作，多次谢绝了外界高薪聘请，工作加班加点、任劳任怨、刻苦钻研、技术精益求精，是公司青年尤其是青年工人的楷模。

1991年，高凤林以精湛的技术和突出贡献被破格评为国家技师。
1997年，他被评聘为高级技师，2000年又评聘为特殊技师、"高级焊接大师"。
1983年以来，高凤林同志连年获得厂、院优秀团员、党员、新长征突击手、先进生产者、十佳青年等称号共二十多项。此外，他还在1986年获北京市国防工业工会优秀积极分子；1991年获育工技术比赛实际第一、理论第二；1995年获部级科技进步一等奖；1996年获国家科技进步二等奖；同年获航天百优"十杰"青年、航天部劳动模范、航天技术能手、中央国家机关"十杰"青年；1997年获全国青年岗位能手、全国十大能工巧匠等称号、1999年获中国航天基金奖。
2015年被评为全国劳动模范。
2017年11月9日，获得第六届全国道德模范敬业奉献类奖项。
2017北京榜样年榜人物当选者。
2019年1月18日，当选2018年"大国工匠年度人物"。
2019年4月，荣获"最美职工"荣誉称号。
2019年9月25日，高凤林获"最美奋斗者"个人称号。

图 1.3-7　任务 2 完成后的效果

步骤三：查找资料，参照步骤二完成其他大国工匠年度人物的文字信息展示

效果如图 1.3-8 所示。

李万君：为中国梦"加速"

一把焊枪，一双妙手，他以柔情呵护复兴号的筋骨；千度烈焰，万次攻关，他用坚固为中国梦提速。那飞驰的列车，会记下他指尖的温度，他就是——中车长春轨道客车股份有限公司电焊工李万君。

"技能报国"是他终生夙愿，"大国工匠"是他至尊荣光。他从一名普通焊工成长为中国高铁焊接专家，是"中国第一代高铁工人"中的杰出代表，是高铁战线的"杰出工匠"，被誉为"工人院士"、"高铁焊接大师"。如何在外国对中国高铁技术封锁面前实现"技术突围"，他凭着一股不服输的钻劲儿、韧劲儿，积极参与填补国内空白的几十种高速车、铁路客车、城际车转向架焊接规范及操作方法，先后进行技术攻关100余项，其中21项获国家专利，《氩弧半自动管管焊操作法》填补了中国弧弧焊焊接转向架环口的空白。专家组以他的试验数据为重要参考编制了《超高速转向架焊接规范》。他研究探索出的"环口焊接七步操作法"成为公司技术标准。依托"李万君大师工作室"，先后组织培训近160场，为公司培训焊工1万多人次，创造了400名新工提前半年全部考取国际焊工资格证书的"培训奇迹"，培养带动出一批技能精湛、职业操守优良的技能人才，为打造"大国工匠"储备了坚实的新生力量。　李万君先后参与我国几十种城铁车、动车组转向架的首件试制焊接工作，总结并制定了30多种转向架焊接规范及操作方法，技术攻关150多项，其中27项获国家专利。他的"拽枪式右焊法"等30余项转向架焊接操作方法，累计为企业节约资金和创造价值8000余万元。中国五一劳动奖章获得者代表是获得者直读倡议书、中华技能大奖、国务院特殊津贴获得者、全国技能大师工作室授予者给予启动资金10万元、吉林省首席、吉林省高级专家、吉林省技能传承师、吉林省第十次党代会代表。
2005年，被国务院国资委授予"中央企业技术专家"称号。
2006年，被国务院国资委授予"中央企业知识型先进职工"称号。
2008年，被国北车授予"中国北车拔尖技术能手"称号。
2008年，获得人力资源和社会保障部颁发的"全国技术能手"荣誉称号等。
2009年，被中华全国铁路总工会授予"火车头奖章"。
2009年，被国北车授予"中国北车技术标兵"称号。
2016年7月被中组部授予"全国优秀共产党员"荣誉称号。
2017年2月8日，获得"感动中国2016年度人物"十大人物。
2019年1月18日，当选2018年"大国工匠年度人物"。

夏立：一丝一毫提升"中国精度"

技艺欢影缝尘，擦亮中华"翔龙"之目；组装炒至毫巅，铺就嫦娥弄月星途。当"天马"凝望远方，那一份份捷报，蔓延着他的幸福，他就是——中国电子科技集团公司第五十四研究所钳工夏立。

作为通信天线装配责任者，夏立先后承担了"天马"射电望远镜、远望号、索马里护航军舰、"9·3"阅兵参阅方阵上通信设施等的卫星天线预研与装配、校准任务，装配的齿轮间隙仅有0.004毫米，相当于一根头发丝的1/20粗细。在生产、组装工艺之需，夏立攻克了一个又一个难关，创造了一个又一个奇迹。
荣获2016年全国技术能手、河北省金蓝工人、河北省五一劳动奖章、河北军工大工匠、2017年北京世纪坛国防邮电产业大国工匠代表。
2019年1月18日，夏立当选2018年"大国工匠年度人物"。

图 1.3-8　大国工匠年度人物的文字信息展示效果

1.4 任务总结

通过对本项目知识的学习和任务的完成，我们了解了 HTML 文档的基本结构、文本标签、图像标签和 HTML 文档的编写方法，主要知识点如下所述。

1．HTML 文档的基本结构

```
<html>
    <head> 文档头部分 </head>
    <body>
            文档的主体部分
    </body>
</html>
```

HTML 页面以<html>标签开始，以</html>标签结束。在它们之间，就是 head 和 body 部分。head 部分使用<head>…</head>标签来界定，一般包含网页标题、文档属性参数等不在页面上显示的网页元素。body 部分是网页的主体，内容均会反映在页面上，使用<body>…</body>标签来界定。页面的内容主要包括文字、图像、动画和超链接等。

2．HTML 文本标签

<h1>～<h6>标签用于定义 HTML 标题，<p>标签用于定义段落，
标签用于定义简单的换行，<hr>标签用于定义水平线，<!--…-->标签用于定义注释。

3．HTML 图像标签

<img>标签并不会将图像插入 HTML 页面，而是将图像链接到 HTML 页面上。<img>标签创建的是被引用图像的占位空间。在 HTML 中，<img>标签没有结束标签。但是在 XHTML 中，<img>标签必须被正确地关闭。

1.5 能力与知识拓展

网页设计常用软件

网页中所包含的内容除了文本，往往还有一些漂亮的图像、背景和精彩的 Flash 动画等，以使页面更具观赏性和艺术性。如果想要在网页中方便地添加这些元素，则需要借助一些常用的网页制作软件。

1．网页制作软件 Dreamweaver CS6

Dreamweaver CS6 是一款极为优秀的可视化网页设计与制作工具和网站管理工具，它支持当前最新的 Web 技术，具有 HTML 检查、HTML 格式控制、HTML 格式化选项、可视化网页设计、图像编辑、全局查找替换、全 FTP 功能、处理 Flash 和 Shockwave 等多媒体格式，以及动态 HTML 和基于团队的 Web 创作等功能，在编辑模式上允许用户选择可视化方式或源代码编辑方式。

借助 Dreamweaver CS6，用户可以快速、轻松地完成设计、开发、维护网站和 Web 应用程序设计的全过程。Dreamweaver CS6 是为网页设计人员和开发人员构建的，它提供了一个在直观可视化布局界面中工作还是在简化编码环境中工作的选择。并且它与 Photoshop CS6、Illustrator CS6、Fireworks CS6、Flash CS6 Professional 和 Contribute CS6 等软件的智能集成，确保了用户有一个有效的工作流。

Dreamweaver CS6 的新功能中包含了 CSS 工具、可用于构建动态用户界面的 AJAX 组件，以及与其他 Adobe 软件的智能集成。

网页制作软件 Dreamweaver CS6 的启动界面如图 1.5-1 所示。

图 1.5-1　Dreamweaver CS6 的启动界面

2. 图形图像处理软件 Photoshop CS6

Photoshop 是一款著名的图形图像处理软件，它功能强大、操作界面友好，使用它可以加快从想象创作到图像实现的过程。因此，它得到了广大第三方开发厂家的支持，也赢得了众多用户的青睐。

Photoshop CS6 是 Adobe 公司的核心产品，它不仅完美兼容了 Windows Vista 操作系统，还新增了几十个全新特性，如支持宽屏显示器的新式版面、集 20 多个窗口于一身的 dock、占用面积更小的工具栏、多张照片自动生成全景、灵活的黑白转换、更易调节的选择工具、智能的滤镜、改进的消失点特性和更好的 32 位 HDR 图像支持等。另外，Photoshop CS6 首次开始分为两个版本，分别是常规标准版本和支持 3D 功能的 Extended（扩展）版本。

图形图像处理软件 Photoshop CS6 的启动界面如图 1.5-2 所示。

图 1.5-2　Photoshop CS6 的启动界面

3．动画制作软件 Flash CS6

Flash 可以实现由一帧帧的静态图像在短时间内连续播放而产生的动画视觉效果，是表现动态过程、阐明抽象原理的一种重要媒介。尤其是在以抽象教学内容为主的课程中，Flash 更具有特殊的应用意义，如在医学 CAI 课件中使用设计合理的动画，不仅有助于学科知识的表达和传播，加深学习者对所学知识的理解，也可以为课件增加生动的艺术效果。

在 Flash CS6 中，工具栏变成了 CS6 通用的单双列，面板可以被缩放成图标，也可以是半透明的图层。另外，在编程方面也有不少改进，如对导入 AI 文件的支持、可以导入分层的 PSD 文件、决定哪些层需要被导入等。此外，还可以保留图层上的组、样式、蒙板、智能滤镜和路径的可编辑性等。动画制作软件 Flash CS3 的启动界面如图 1.5-3 所示。

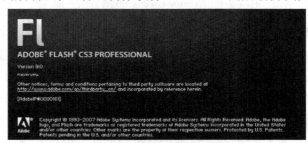

图 1.5-3　Flash CS3 的启动界面

4．软件间的相互关系

如果网页中只有静态的图像，那么即使这些图像再怎么精致，也会让人感觉网页缺乏生动性和活泼性，这样会影响视觉效果和整个页面的美观。因此，在网页的制作过程中往往需要适时地插入一些动态图像。

使用 Photoshop，除了可以对网页中要插入的图像进行调整处理，还可以进行页面的总体布局并使用切片导出。对网页中所出现的 GIF 图像按钮也可以使用 Photoshop CS6 进行创建，以达到更加精彩的效果。图 1.5-4 所示为使用 Photoshop 绘制的几个网页按钮。

图 1.5-4　使用 Photoshop 绘制的网页按钮

Photoshop 还可以为创建 Flash 动画所需的素材进行制作、加工和处理，使网页动画中所表现的内容更加精美和引人入胜。

在一般的网页设计中，使用 Flash 主要是制作具有动画效果的导航条、Logo 及商业广告条等，这是因为动画可以更好地表现设计者的创意。由于学习 Flash 的难度不大，而且制作含有 Flash 动画的页面很容易吸引浏览者，因此 Flash 动画已经成为当前网页设计中不可缺少的元素。

Dreamweaver 是一款可视化的网页制作软件，它包含了可视化编辑和 HTML 编辑的软件包。在 Dreamweaver 中可以对 HTML 的网页文档进行视图的可视化编辑，使没有 HTML 基础的初学者也能轻松地制作出网页，大大降低了网页制作的难度。对于专业的设计者，使用 Dreamweaver 可以在不改变原有编辑习惯的同时，充分享受可视化编辑带来的益处。

在网页设计中，Dreamweaver 主要用于对页面进行布局，即将已经创建完成的文字、图像和动画等元素在 Dreamweaver 中通过一定形式的布局整合为一个页面。除此之外，在 Dreamweaver 中还可以方便地插入 ActiveX 控件、JavaScript 脚本文件、Java Applet 应用程序和 Shockwave 影片等，使设计者可以创建出具有特殊效果的精彩网页。

布局的设计通常需要注意网站的页面大小及各种板块的安排。

1）网页页面大小

合理地设置页面尺寸，可以避免用户频繁地拖动滚动条。

目前，国内的上网者习惯使用微软公司的 Internet Explorer 浏览器（简称 IE 浏览器）。在屏幕分辨率为 1024px×768px 时，不同版本的 IE 浏览器的屏幕大小如表 1.5-1 所示。

表 1.5-1　不同版本的 IE 浏览器的屏幕大小

IE 浏览器版本	屏 幕 宽 度	屏 幕 高 度
IE 6.0	1003px	600px
IE 7.0（菜单栏显示状态）	1003px	594px
IE 7.0（菜单栏隐藏状态）	1003px	620px
IE 8.0（菜单栏隐藏状态）	1003px	626px
IE 8.0（菜单栏显示状态）	1003px	598px

由表 1.5-1 中的数据可以得出，在设计网页时，如果不希望用户频繁地拖动水平滚动条，则可以将网页的宽度控制在 1003px 以内。

2）网页板块构成

网页是由各种板块构成的。Internet 中的网页内容各异，然而多数网页都是由一些基本的板块组成的，包括 Logo、导航条、Banner、内容板块、页脚和版权等。

Logo 是代表企业形象或网页形象的标志，是最先告知用户网站性质的板块。

导航条是网站的重要组成元素。合理地安排导航条可以帮助浏览者迅速查找到需要的信息。

Banner 的中文直译为旗帜、网幅或横幅，意译则为网页中的广告。多数 Banner 都以 JavaScript 技术或 Flash 技术制作，通过一些动画效果可以展示更多的内容，并吸引用户观看。

网页的内容板块通常是网页的主体部分。这一板块可以包含各种文本、图像、动画和超链接等，如蔡司光学网站的内容板块。

页脚，也就是网页页面底部的板块，通常用于放置网站的版权信息。

1.6　巩固练习

1. 创建网页，并编辑文字、插入图像。效果如图 1.6-1 所示。

图 1.6-1　练习效果

2. 查找资料，完成如图 1.6-2 所示的最美奋斗者人物展示页面。

图 1.6-2　最美奋斗者人物展示页面

项目2
HTML5 页面元素及属性

HTML5 中引入了很多新的标记元素和属性，这是 HTML5 的一大亮点。这些新增的标记元素使得文档结构更加清晰、明确，而属性则使得标记元素的功能更加强大。掌握这些标记元素和属性是正确使用 HTML5 构建网页的基础。

本项目将介绍 HTML5 中新增的标记元素中的结构元素、分组元素和页面交互元素，并以感动中国年度人物信息展示页面为案例，综合应用新增元素来完成任务。

2.1 任务目标

知识目标

1. 掌握结构元素的使用。
2. 理解分组元素的使用。
3. 掌握页面交互元素的使用。

技能目标

1. 能使用结构元素对页面进行分区。
2. 能使用分组元素对页面建立标题组。
3. 能使用页面交互元素实现交互效果。

素质目标

1. 培养规范的编码习惯。
2. 培养团队的沟通、交流和协作能力。
3. 培养学生精益求精的工匠精神。

2.2 知识准备

2.2.1 结构元素

HTML5 中所有的元素都是结构性的，且这些元素的作用与块元素的作用类似。本节将介绍的常用结构元素有 header 元素、nav 元素和 article 元素等。

1. header 元素

HTML5 中的 header 元素是一种具有引导和导航作用的结构元素，该元素可以包含所有通常被放在页面头部的内容。header 元素通常用来放置整个页面或页面内的一个内容区块的标题，也可以包含网站 Logo、搜索框或其他相关内容。

基本语法格式如下：

```
<header>
  <h1>网页主题</h1>
  …
</header>
```

示例代码如下：

```
<!DOCTYPE html>
<html>
<head>
<meta http-equiv="Content-Type" charset="utf-8" />
<title>header 元素</title>
</head>
<body>
<header>
        <h1>天天国际</h1>
        <h2>原装进口全世界</h2>
</header>
</body>
</html>
```

在浏览器中展示 header 元素的应用效果，如图 2.2.1-1 所示。

图 2.2.1-1　header 元素的应用效果

header 元素并非 head 元素。在 HTML 网页中，如果一个页面中包含多个内容块，就可以为每个内容块分别加上一个 header 元素。也就是说，一个页面中可以有任意数量的 header 元素，它们的含义可以根据上下文而有所不同。

2. nav 元素

nav 元素是 HTML5 中新增的元素，表示页面的一部分，其作用是在当前文档或其他文档中提供导航链接，使页面元素的语义更加明确。其中的导航链接可以链接到站点的其他页面，或者当前页面的其他部分。

基本语法格式如下：

```
<nav>导航链接</nav>
```

nav 元素中的内容默认没有显示效果，只表示该区域是导航链接部分，nav 元素中的内容通常是一个列表。示例代码如下：

```
<body>
<header>
<nav>
 <ul
  <li><a href="#">首页</li>
  <li><a href="#">Web 前端</li>
  <li><a href="#">服务器端</li>
  <li><a href="#">联系我们</li>
 </ul>
</nav>
</header>
</body>
```

在浏览器中展示 nav 元素的应用效果，如图 2.2.1-2 所示。

图 2.2.1-2　nav 元素的应用效果

在上面这段代码中，通过在 nav 元素内部嵌套无序列表 ul 元素来搭建导航结构。在通常情况下，一个 HTML 页面中可以包含多个 nav 元素，使其作为页面整体或不同部分的导航。nav 元素可以用于传统导航条、侧边栏导航、页内导航和翻页操作等场合。

（1）传统导航条：目前主流网站上都有不同层级的导航条，其作用是跳转到网站的其他页面。

（2）侧边栏导航：目前主流博客网站及电商网站上都有侧边栏导航，其作用是从当前文章或当前商品页面跳转到其他文章或其他商品页面。

（3）页内导航：它的作用是在本页面几个主要的组成部分之间进行跳转。

（4）翻页操作：翻页操作切换的是网页的内容部分，可以通过单击"上一页"或"下一页"按钮进行切换，也可以通过单击实际的页数跳转到某一页。

nav 元素也可以用于其他重要的、基本的导航链接组中。需要注意的是，并不是所有的链接组都要被放到 nav 元素中，只需要将主要的和基本的链接放到 nav 元素中即可。

3．article 元素

article 元素代表文档、页面或应用程序中与上下文不相关的独立部分，该元素经常被用于定义一篇日志、一条新闻或用户评论等。article 元素通常使用多个 section 元素对内容进行划分。在一个页面中，article 元素可以出现多次。

4．section 元素

section 元素用于对网站或应用程序中页面上的内容进行分块，一个 section 元素通常由内容和标题组成。在使用 section 元素时，需要注意以下 3 点。

（1）不要将 section 元素用作设置样式的页面容器，这是 div 元素的特性。section 元素并非一个普通的容器元素，因此当一个容器需要被直接定义样式或通过脚本定义行为时，推荐使用 div 元素而不是 section 元素。

（2）如果 article 元素、aside 元素或 nav 元素更符合使用条件，则不要使用 section 元素。

（3）没有标题的内容区块不要使用 section 元素定义。

5．aside 元素

aside 元素用于定义当前页面或文章的附属信息部分，它可以包含与当前页面或主要内容相关的引用、侧边栏、广告、导航条等类似的且区别于主要内容的部分。aside 元素的用法主要分为以下两种。

（1）被包含在 article 元素内作为主要内容的附属信息。

（2）在 article 元素之外使用，作为页面或站点全局的附属信息部分。最常用的使用形式是侧边栏，其中的内容可以是友情链接、广告单元等。

在实际应用中，通常综合应用 article、aside、section 元素来解决实际问题。示例代码如下：

```html
<!DOCTYPE html>
<html>
<head>
<meta http-equiv="Content-Type" charset="utf-8" />
<title>article,aside,section 元素</title>
</head>
<body>
<article>
   <h1> 文章标题</h1>
   <section> 文章内容 1</section>
   <section> 文章内容 2</section>
   <aside> 其他相关文章</aside>
</article>
<aside> 右侧菜单</aside>
</body>
</html>
```

在浏览器中展示 article、aside、section 元素综合应用的效果，如图 2.2.1-3 所示。

图 2.2.1-3　article、aside、section 元素综合应用的效果

在上面这段代码中，通过综合应用 article、aside、section 元素来显示文章内容及其相关信息。HTML 页面中包含了一个 article 元素和一个 aside 元素，article 元素中包含了两个 section 元素和一个 aside 元素。

6．footer 元素

footer 元素用于定义一个页面或区域的底部，它可以包含所有通常被放在页面底部的内容。在 HTML5 出现之前，一般使用<div id="footer"></div>标签来定义页面底部；而在 HTML5 出现之后，通过 HTML5 中的 footer 元素可以轻松实现页面底部的定义。与 header 元素相同，一个页面中可以包含多个 footer 元素。

示例代码如下：

```
<!DOCTYPE html>
<html>
<head>
<meta http-equiv="Content-Type" charset="utf-8" />
<title>footer 元素</title>
</head>
<body>
<article>
    <h1> 文章标题</h1>
    <section> 文章内容 1</section>
    <section> 文章内容 2</section>
    <aside> 其他相关文章</aside>
    <footer>文章分页列表</footer>
</article>
<footer>
<h1>版权信息</h1>
<h4> 版权所有 © 2020 </h4>
</footer>
</body>
</html>
```

在浏览器中展示 footer 元素的应用效果，如图 2.2.1-4 所示。

图 2.2.1-4　footer 元素的应用效果

2.2.2　列表元素

为了使网页中的信息更易读，网页设计师经常将网页中的信息以列表的形式呈现，如天猫商城首页的商品服务分类信息就以列表的形式呈现，显得排列有序、条理清晰。为了满足网页布局的需求，HTML 提供了 3 种常用的列表元素，分别为 ul 元素（无序列表）、ol 元素（有序列表）和 dl 元素（定义列表）。本节将对这 3 种元素进行详细讲解。

1. ul 元素

ul 元素用于定义无序列表。无序列表是网页中最常用的列表，之所以被称为"无序列表"，是因为其各个列表项之间没有顺序、级别之分，通常是并列的。例如，图 2.2.2-1 所示的百度导航栏结构清晰，各项之间（如"网页"与"新闻"）的排序不分先后，这个导航栏就可以被看作一个无序列表。

| 网页 | 新闻 | 贴吧 | 知道 | 音乐 | 图片 | 视频 | 地图 | 文库 | 百科 | 百度首页 | 登录 | 注册 |

图 2.2.2-1　百度导航栏

定义无序列表的基本语法格式如下：

```
<ul>
  <li>列表项 1</li>
  <li>列表项 2</li>
  <li>列表项 3</li>
  ...
</ul>
```

在上面的语法中，<ul></ul>标签用于定义无序列表，<li></li>标签嵌套在<ul></ul>标签中，用于描述具体的列表项，每对<ul></ul>标签中至少应包含一对<li></li>标签。<li>与</li>标签之间相当于一个容器，可以容纳所有的元素。但是<ul></ul>标签中只能嵌套<li></li>标签，直接在<ul></ul>标签中输入文字的做法是不被允许的。

示例代码如下：

```
<!DOCTYPE html>
<html>
<head>
<meta http-equiv="Content-Type" charset="utf-8" />
<title>无序列表</title>
</head>
<body>
  <ul>
    <li>教育</li>
    <li>文学</li>
    <li>生活</li>
    <li>科技</li>
  </ul>
</body>
</html>
```

在浏览器中展示无序列表的应用效果，如图 2.2.2-2 所示。

2. ol 元素

ol 元素用于定义有序列表，通常呈现为一个列表项带编号的列表。有序列表就是有排列顺序的列表，其各个列表项按照一定的顺序排列。例如，图 2.2.2-3 所示的百度搜索热点列表、图 2.2.2-4 所示的音乐播放器歌曲排行榜等都可以通过有序列表来定义。

图 2.2.2-2　无序列表的应用效果

图 2.2.2-3　百度搜索热点列表 　　　　　　　图 2.2.2-4　音乐播放器歌曲排行榜

定义有序列表的基本语法格式如下：

```
<ol>
    <li>列表项 1</li>
    <li>列表项 2</li>
    <li>列表项 3</li>
    …
</ol>
```

在上面的语法中，<ol></ol>标签用于定义有序列表，<li></li>标签用于描述具体的列表项。与无序列表类似，每对<ol></ol>标签中也至少应包含一对<li></li>标签。在 HTML5 中，ol 元素还拥有 start 属性和 reversed 属性。其中，start 属性用于更改列表项编号的起始值；reversed 属性用于指定是否对列表项进行反向排序，默认值为 ture。

示例代码如下：

```
<!DOCTYPE html>
<html>
<head>
<meta http-equiv="Content-Type" charset="utf-8" />
```

```
<title>有序列表</title>
</head>
<body>
<ol>
    <li>教育</li>
    <li>文学</li>
    <li>生活</li>
    <li>科技</li>
</ol>
</body>
</html>
```

在浏览器中展示有序列表的应用效果，如图 2.2.2-5 所示。

图 2.2.2-5　有序列表的应用效果

如果需要更改列表项编号的起始值，则只需要在<ol>标签中设置 start 属性的值即可，如<ol start="5">，则列表项将从 5 开始编号，应用效果如图 2.2.2-6 所示。

图 2.2.2-6　更改列表项编号起始值的有序列表的应用效果

3. dl 元素

dl 元素用于定义一个定义列表，实现词汇表或显示元数据，对术语或名词进行解释和描述。与无序列表及有序列表不同，定义列表的列表项前没有任何项目符号。<dl>标签用于组合<dt>标签（定义列表中的项目）和<dd>标签（描述列表中的项目）。也就是说，<dl>、

<dt>、<dd>标签是一组组合标签，如果使用了<dt>、< dd>标签，则最外层必须使用<dl>标签进行包裹。

定义定义列表的基本语法格式如下：

```
<dl>
    <dt>列表标题1</dt>
    <dd>列表内容1</dd>
    <dd>列表内容2</dd>
    ...
    <dt>列表标题2</dt>
    <dd>列表内容1</dd>
    <dd>列表内容2</dd>
    ...
</dl>
```

在上面的语法中，<dl></dl>标签用于指定定义列表，<dt></dt>和<dd></dd>标签并列嵌套于<dl></dl>标签中。其中，<dt></dt>标签用于指定列表标题，<dd></dd>标签用于对列表标题指定列表内容，一对<dt></dt>标签可以对应多对<dd></dd>标签。

示例代码如下：

```
<!DOCTYPE html>
<html>
<head>
<meta http-equiv="Content-Type" charset="utf-8" />
<title>定义列表</title>
</head>
<body>
<h1>一个定义列表：</h1>
<dl>
    <dt>计算机</dt>
    <dd>用来计算的仪器......</dd>
    <dt>显示器</dt>
    <dd>以视觉方式显示信息的装置......</dd>
</dl>
</body>
</html>
```

在浏览器中展示定义列表的应用效果，如图2.2.2-7所示。

图2.2.2-7　定义列表的应用效果

2.2.3　分组元素

1．figure 和 figcaption 元素

在 HTML5 中，figure 元素用于定义独立的流内容（如图像、图表、照片和代码等），一般指一个独立的单元。figure 元素中的内容应该与主内容相关，但是如果 figure 元素中的内容被删除，也不应对文档流产生影响。figcaption 元素用于为 figure 元素组添加标题，一个 figure 元素内最多允许使用一个 figcaption 元素，并且该元素应该被放在 figure 元素的第一个或最后一个子元素的位置。

示例代码如下：

```html
<body>
  <P>
    2019 年末，在武汉引发疫情的冠状病毒，被命名为"2019 新型冠状病毒（2019-nCoV）"。
  </P>
  <figure>
    <figcaption> 新冠病毒结构图</figcaption>
    <p>冠状病毒粒子呈不规则形状，直径约 60～220nm。</p>
    <img src="image2.jpg">
  </figure>
</body>
```

在浏览器中展示 figure 和 figcaption 元素的应用效果，如图 2.2.3-1 所示。

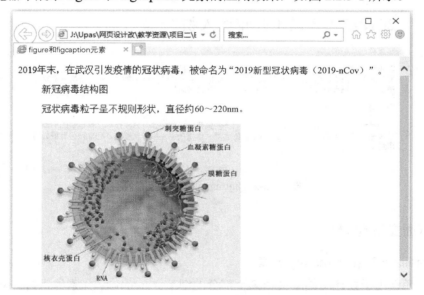

图 2.2.3-1　figure 和 figcaption 元素的应用效果

2．hgroup 元素

hgroup 元素用于将多个标题组成一个标题组，通常与 h1～h6 元素组合使用。在一般情况下，将 hgroup 元素放在 header 元素中。在使用 hgroup 元素时需要注意以下几点。

（1）如果只有一个标题元素，则不建议使用 hgroup 元素。

（2）当出现一个或一个以上的标题与元素时，推荐使用 hgroup 元素作为标题元素。

（3）当一个标题包含副标题、section 或 article 元素时，建议将 hgroup 元素和标题相关

元素存放到 header 元素容器中。

为了更好地说明各群组的功能，hgroup 元素常常与 figcaption 元素结合使用。

示例代码如下：

```
<body>
<header>
 <h1>2018 年"大国工匠年度人物"</h1>
</header>
<hgroup>
 <figcaption>高凤林</figcaption>
 <p>突破极限精度，将"龙的轨迹"划入太空；破解 20 载难题，让中国繁星映亮苍穹。焊花闪烁，岁月寒暑，
为火箭铸"心"，为民族筑梦，他就是——中国航天科技集团有限公司第一研究院首都航天机械有限公司特种熔融焊接
工、高级技师高凤林。</p>
 <figcaption>李万君</figcaption>
 <p>一把焊枪，一双妙手，他以柔情呵护复兴号的筋骨；千度烈焰，万次攻关，他用坚固为中国梦提速。那飞
驰的列车，会记下他指尖的温度，他就是——中车长春轨道客车股份有限公司电焊工李万君。</p>
</hgroup>
</body>
```

在浏览器中展示 hgroup 元素的应用效果，如图 2.2.3-2 所示。

图 2.2.3-2　hgroup 元素的应用效果

2.2.4　页面交互元素

1. details 元素和 summary 元素

details 元素用于描述文档或文档某个部分的细节。summary 元素经常与 details 元素配合使用，作为 details 元素的第一个子元素，用于为 details 元素定义标题。标题是可见的，当用户单击标题时，会显示或隐藏 details 元素中的其他内容。具体语法格式如下：

```
<details>
 <summary>细节标题</summary>
 相关细节描述
</details>
```

示例代码如下：

```
<details>
<summary>高凤林</summary>
```

```
    <p>突破极限精度，将"龙的轨迹"划入太空；破解 20 载难题，让中国繁星映亮苍穹。焊花闪烁，岁月寒暑，
为火箭铸"心"，为民族筑梦，他就是——中国航天科技集团有限公司第一研究院首都航天机械有限公司特种熔融焊接工、
高级技师高凤林。</p>
    </details>
    <details>
    <summary>李万君</summary>
    <p>一把焊枪，一双妙手，他以柔情呵护复兴号的筋骨；千度烈焰，万次攻关，他用坚固为中国梦提速。那飞驰
的列车，会记下他指尖的温度，他就是——中车长春轨道客车股份有限公司电焊工李万君。</p>
    </details>
```

在浏览器中展示 details 和 summary 元素的应用效果，如图 2.2.4-1 和图 2.2.4-2 所示。当单击图 2.2.4-1 中的"高凤林"时，将显示如图 2.2.4-2 所示的信息，当再次单击"高凤林"时，即可返回如图 2.2.4-1 所示的效果。

图 2.2.4-1　details 和 summary 元素的应用效果 1

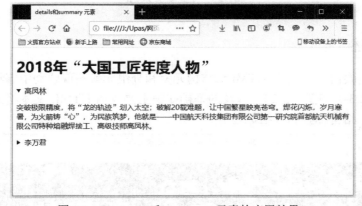

图 2.2.4-2　details 和 summary 元素的应用效果 2

2. progress 元素

progress 元素用于表示一个任务的完成进度。这个进度可以是不确定的，只是表示进度正在进行，但是不清楚还有多少工作量没有完成。也可以使用 0 到某个最大数字（如 100）之间的数字来表示准确的进度完成情况（如进度百分比）。progress 元素的常用属性有两个：max 和 value。

（1）max：最大值，表示总共有多少工作量。需要注意的是，value 和 max 属性的值必

须大于 0，且 value 属性的值要小于或等于 max 属性的值。

（2）value：表示已经完成的工作量。若 max=100，value=50，则表示进度正好是一半。value 属性的存在与否决定了 progress 进度条是否具有确定性。

（3）position 是只读属性，用于返回当前进度的位置，也就是 value / max 的值。如果进度条不确定，则值为-1。

（4）labels 也是只读属性，用于返回指向该 progress 元素的 label 元素。

示例代码如下：

```
<progress max="100" value="20"></progress>
```

在浏览器中展示 progress 元素的应用效果，如图 2.2.4-3 所示。如果将 value 属性的值设置为 0，则效果如图 2.2.4-4 所示。

图 2.2.4-3　progress 元素的应用效果 1　　　　图 2.2.4-4　progress 元素的应用效果 2

2.3　任务实施

任务陈述

本任务的主要内容是使用 HTML5 结构元素和分组元素实现感动中国年度人物信息展示页面（见图 2.3-1 和图 2.3-2）。涉及的基础知识主要包括 HTML 文本格式标签、图像标签、段落标签、结构标签和分组标签等。

图 2.3-1　感动中国年度人物信息展示页面 1

图 2.3-2　感动中国年度人物信息展示页面 2

任务 1：实现感动中国年度人物信息展示页面分区

步骤一：新建 HTML 文档，完成头部信息的设置

（1）新建 HTML 文档，并保存为 chinese_person.html。

（2）在 chinese_person.html 文件中实现头部信息的设置，头部信息包括插入图像信息和导航信息。

关键代码如下：

```
<header>
  <center><img src="Image3.jpg" width="1058" height="156"></center>
  <nav>
    <a href="">2019 年度人物</a>        
    <a href="">2018 年度人物</a>        
    <a href="">2017 年度人物</a>        
    <a href="">2016 年度人物</a>        
    <a href="">2015 年度人物</a>        
    <a href="">2014 年度人物</a>        
    <a href="">2013 年度人物</a>        
    <a href="">更多</a>        
  <nav>
</header>
```

头部信息设置完成后的效果如图 2.3-3 所示。

图 2.3-3　头部信息设置完成后的效果

步骤二：实现 chinese_person.html 页面版权信息的设置

关键代码如下：

```
<footer>
  <center>
    <h3>版权信息</h3>
    <h4> 版权所有 © 2020 </h4>
  </center>
</footer>
```

版权信息设置完成后的效果如图 2.3-4 所示。

图 2.3-4 版权信息设置完成后的效果

任务 2：实现感动中国年度人物的文字信息展示

步骤一：实现信息分组

在头部信息和版权信息之间添加<hgroup>标签，实现信息分组，代码如下：

```
<hgroup>
  <figcaption>2019 年度人物</figcaption>
</hgroup>
<hgroup>
  <figcaption>2018 年度人物</figcaption>
</hgroup>
<hgroup>
  <figcaption>2017 年度人物</figcaption>
</hgroup>
<hgroup>
  <figcaption>2016 年度人物</figcaption>
</hgroup>
<hgroup>
  <figcaption>2015 年度人物</figcaption>
</hgroup>
<hgroup>
  <figcaption>2014 年度人物</figcaption>
</hgroup>
<hgroup>
  <figcaption>2013 年度人物</figcaption>
</hgroup>
<hgroup>
  <figcaption>2012 年度人物</figcaption>
</hgroup>
```

信息分组设置完成后的效果如图 2.3-5 所示。

图 2.3-5　信息分组设置完成后的效果

步骤二：在 2018 年度人物分组中加入年度人物标题信息

利用<details></details>与<summary></summary>标签设置年度人物标题信息。

代码如下：

```
<details>
  <summary>钟扬：立心天地厚</summary>
</details>
<details>
  <summary>杜富国：临危岂顾生</summary>
</details>
<details>
  <summary>吕保民：见义勇必为</summary>
</details>
<details>
  <summary>马旭：涓滴见沧海</summary>
</details>
<details>
  <summary>刘传健：胆气亦英雄</summary>
</details>
<details>
  <summary>其美多吉：飞雪带春风</summary>
</details>
<details>
  <summary>王继才 王仕花：孤云心浩然</summary>
</details><details>
  <summary>张渠伟：天下期为公</summary>
</details>
<details>
  <summary>张玉滚：风雪担书梦</summary>
</details>
<details>
  <summary>程开甲：大业光寰宇</summary>
</details>
```

年度人物标题信息设置完成后的效果如图 2.3-6 所示。

图 2.3-6　年度人物标题信息设置完成后的效果

步骤三：加入年度人物钟扬的详细信息

利用<pre></pre>、<center></center>、<p></p>、<h>等标签设置年度人物的详细信息。
关键代码如下：

```
<pre>
        钟扬长期致力于生物多样性研究和保护，率领团队在青藏高原为国家种质库收集了数千万颗植物种子；钟扬援
藏16年，足迹遍布西藏最偏远、最艰苦的地区，长期的高原工作让他积劳成疾，多次住进医院，但他都没有停下工作。
多年来，钟扬为西部少数民族地区的人才培养、学科建设和科学研究做出了重要贡献。
        2017年9月25日，钟扬在内蒙古工作途中遭遇车祸，不幸逝世。2018年4月，中宣部授予钟扬"时代楷
模"称号。
</pre>
<center><img src="钟扬.jpg"></center>
<h3>颁奖辞：</h3>
<p>超越海拔六千米，抵达植物生长的最高极限，跋涉十六年，把论文写满高原。倒下的时候双肩包里藏着你的
初心、誓言和未了的心愿。你热爱的藏波罗花，不屑于雕梁画栋，只绽放在高山砾石之间。</p>
```

年度人物的详细信息设置完成后的效果如图 2.3-7 所示。

图 2.3-7　年度人物的详细信息设置完成后的效果

步骤四：查找资料，参照步骤三加入其他感动中国年度人物的详细信息

2.4 任务总结

通过对本项目知识的学习和任务的完成，我们掌握了 HTML 结构元素、分组元素和页面交互元素的使用，具体知识点如下所述。

1．HTML5 结构元素

header 元素是一种具有引导和导航作用的结构元素，该元素可以包含所有通常被放在页面头部的内容。header 元素通常用来放置整个页面或页面内的一个内容区块的标题，也可以包含网站 Logo、搜索框或其他相关内容。

nav 元素的作用是在当前文档或其他文档中提供导航链接，使页面元素的语义更加明确。

article 元素代表文档、页面或应用程序中与上下文不相关的独立部分，该元素经常被用于定义一篇日志、一条新闻或用户评论等。

section 元素用于对网站或应用程序中页面上的内容进行分块，一个 section 元素通常由内容和标题组成。

aside 元素用于定义当前页面或文章的附属信息部分，它可以包含与当前页面或主要内容相关的引用、侧边栏、广告、导航条等类似的且区别于主要内容的部分。

footer 元素用于定义一个页面或区域的底部，它可以包含所有通常被放在页面底部的内容。

2．HTML 列表元素

ul 元素用于定义无序列表。

ol 元素用于定义有序列表。

dl 元素用于定义一个定义列表，实现词汇表或显示元数据，对术语或名词进行解释和描述。<dl>、<dt>、<dd>标签是一组组合标签，如果使用了<dt>、< dd>标签，则最外层必须使用<dl>标签进行包裹。

3．HTML 分组元素

figure 元素用于定义独立的流内容（如图像、图表、照片和代码等），一般指一个独立的单元。figcaption 元素用于为 figure 元素组添加标题，一个 figure 元素内最多允许使用一个 figcaption 元素。

hgroup 元素用于将多个标题组成一个标题组，通常与 h1～h6 元素组合使用。在一般情况下，将 hgroup 元素放在 header 元素中。

4．HTML 页面交互元素

details 元素用于描述文档或文档某个部分的细节。summary 元素经常与 details 元素配合使用，作为 details 元素的第一个子元素，用于为 details 元素定义标题。

progress 元素用于表示一个任务的完成进度。这个进度可以是不确定的，只是表示进度正在进行，但是不清楚还有多少工作量没有完成。

2.5　能力与知识拓展

💡 文本层次语义元素

为了使 HTML 页面中的文本内容更加生动形象，需要使用一些特殊的元素来突出文本之间的层次关系，这样的元素被称为文本层次语义元素。文本层次语义元素主要包括 time 元素、mark 元素和 cite 元素，本节将详细介绍这些元素。

1．time 元素

time 元素用于定义时间或日期，可以代表 24 小时中的某一时间。time 元素不会在浏览器中呈现任何特殊效果，但是该元素能够以机器可读的方式对时间和日期进行编码，这样，用户能够将生日提醒或其他事件添加到日程表中，搜索引擎也能够生成更智能的搜索结果。time 元素有以下两个属性。

datetime：用于定义相应的时间或日期。取值为具体时间（如 14:00）或具体日期（如 2020-03-20），当不定义该属性时，由元素的内容给定时间/日期。

pubdate：用于定义 time 元素中的时间/日期是文档（或 article 元素）的发布日期。取值一般为 boolean 类型。当取值为 true 时，表示内容可编辑；当取值为 false 时，表示内容不可编辑；当不写值时，默认为 true。

2．cite 元素

cite 元素可以创建一个引用标记，用于说明文档中参考文献的引用。可以使用该元素定义作品（如书籍、歌曲、电影、电视节目等）的标题，一旦在文档中使用了该标记，则被标记的文档内容将以斜体的样式展示在页面中，以区别于文档中的其他字符。

3．mark 元素

mark 元素的主要功能是在文本中高亮显示某些字符以引起用户的注意。该元素的用法与 em 和 strong 元素的用法有相似之处，但是使用 mark 元素在突出显示样式时更随意、灵活。在默认情况下，浏览器对 mark 元素中的文本添加了黄色背景以高亮显示这些文本。mark 元素的这种高亮显示的特征，除了在文档中突出显示，还常常用于搜索结果页面中的关键字高亮显示。由于 mark 元素是 HTML5 中的新元素，因此旧的浏览器不会为它加上黄色背景。

2.6　巩固练习

查找资源，创建网页，并编辑文字、插入图像。应用结构元素、分组元素和页面交互元素分别实现如图 2.6-1、图 2.6-2 和图 2.6-3 所示的绘画比赛投票网的效果。

图 2.6-1　绘画比赛投票网的效果 1

图 2.6-2　绘画比赛投票网的效果 2

图 2.6-3　绘画比赛投票网的效果 3

项目3

CSS 美化 HTML 网页

CSS 是 Cascading Style Sheets（层叠样式表）的缩写，而更多的人把它称作样式表。CSS 用于设计网页的外观效果。使用 CSS 样式可以实现页面内容与表现形式的分离，极大地提高工作效率。作为网页标准化设计的趋势，CSS 取得了浏览器厂商的广泛支持，正越来越多地被应用到网页设计中。

本项目将介绍 CSS 特点、CSS 基本结构、CSS 样式属性、CSS 选择器，以及如何在 HTML 文档中引入 CSS 样式，并以热点新闻网首页页面为案例，综合应用 HTML 标签和 CSS 样式来完成任务。

3.1 任务目标

知识目标

1. 了解 CSS 的基本概念。
2. 掌握 CSS 的基本语法和用法。
3. 熟悉 CSS 的基本属性、属性值和单位的用法。
4. 掌握 CSS 的基本特性。

技能目标

1. 能定义 CSS 样式。
2. 能灵活使用 CSS 选择器。

素质目标

1. 培养规范的编码习惯。
2. 培养团队的沟通、交流和协作能力。
3. 培养学生的审美素养。

3.2 知识准备

3.2.1 CSS 概述

CSS 是一种用来表现 HTML 或 XML 等文件样式的计算机语言。CSS 不仅可以静态地修饰网页，还可以配合各种脚本语言动态地对网页中的各元素进行格式化。

1．为什么学习 CSS

CSS 是在 HTML 的基础上发展而来的，是为了克服 HTML 网页布局中的弊端。因为在 HTML 中，各种功能都是通过标签来实现的，然后通过标签的各种属性来定义标签的个性化显示。这也造成了各大浏览器厂商为了实现不同的显示效果而创建了各种自定义标签，同时为了设计出不同的效果，经常会把各种标签互相嵌套，从而造成了网页代码的臃肿杂乱。

例如，如果想要在一段文字中设置一部分文字的颜色为红色，则利用 HTML 中的标签进行设置的代码如下：

```
<p><font color="red" >设置字体为红色</font></p>
```

如果想要实现<p>标签内的字体颜色的设置，就需要在 HTML 代码中嵌套一个字体设置标签<font>。而利用 CSS 样式则可以进行如下设置：

```
<p style=" color:red ">设置字体为红色</ p>
```

通过这个简单的示例可以看出，CSS 可以简化 HTML 中各种烦琐的标签，使得各个标签的属性更具有一般性和通用性，并且通过 CSS 还可以扩展原先的标签功能，进而实现更多的效果。这仅仅是一个小小的例子，但是如果整个网页，甚至全部网站都使用一张或几张样式表来专门设计网页的属性和显示样式，就会发现使用 CSS 的优越性，特别是为后期的更改与维护提供了方便。样式表的另一个巨大贡献就是把对象引入 HTML 中，通过对象可以实现使用脚本程序（如 JavaScript、VBScript）来调用网页标签属性的功能，并且可以改变这些对象的属性，从而达到动态的目的，这在以前的 HTML 中是无法实现的。

2．CSS 特点

CSS 比较简单、灵活、易学，能支持任何浏览器。使用 HTML 标签或命名的方式定义 CSS 样式，不仅可以控制一些传统的文本属性，如字体、字号、颜色等，还可以控制一些比较特别的 HTML 属性，如对象位置、图片效果、鼠标指针等。通过 CSS，可以统一地控制 HTML 中各标签的显示属性，从而对页面布局、字体、颜色、背景和其他图文效果实现更加精确地控制。用户只需要修改一个 CSS 样式文件就可以实现改变一批网页的外观和格式的目的，从而保证网页在所有浏览器和平台之间的兼容性，并且拥有更少的编码、更少的页数和更快的下载速度。CSS 样式具有如下特点。

1）网页样式和内容分离

HTML 定义了网页的结构和各要素的功能，而让浏览器自己决定应该让各要素以何种模样进行显示。CSS 解决了这个问题，它通过将结构定义和样式定义分离，来对页面的布局格式施加更多的控制，这样可以保持代码的简洁明了。也就是把 CSS 代码独立出来，从另一个角度控制页面的外观。样式和内容的分离简化了维护，因为如果在样式表中更改了某些内容，就意味着在任何地方都更改了这些内容。

2）可以制作出体积更小、下载更快的网页

CSS 样式只是简单的文本，与 HTML 文档相同。它不需要图像，不需要执行程序，不需要插件。就像 HTML 指令那样快，使用 CSS 样式可以减少表格标签及其他加大 HTML 网页体积的代码，减少图像用量从而减小文件的尺寸。

3）可以更快、更容易地维护及更新大量的网页

在没有样式表时，如果想要更新整个站点中所有主体文本的字体，则必须一页一页地修改每张网页。即便站点使用数据库提供服务，仍然需要更新所有的模板。样式表的主要目的就是将样式和内容分离。利用样式表，可以将站点上所有的网页都指向单一的一个 CSS 文件，只要修改 CSS 文件中的某一行，那么整个站点都会随之发生改变。

CSS 的功能非常强大，对美化网页具有非常重要的作用，在新的网页标准的要求下，它的分类变化与应用范围也越来越广泛。它的优缺点总结如下。

（1）CSS 的优点：

- 使网站改版更加方便，缩短了网站改版的时间。
- 减少了页面代码，提高了页面下载速度。
- 样式和内容相分离，方便美工与程序员分工协作。
- 结构清晰，容易被搜索引擎搜索到。
- 字体控制和排版能力强大。
- 在几乎所有的浏览器上都可以使用。

（2）CSS 的缺点：

- CSS 样式应用过多会使工作量增大，给网站维护造成麻烦。
- 如果 CSS 样式文件丢失或失效，则会让整个页面混乱。

3.2.2 CSS 语法与用法

与 HTML 相同，CSS 也是一种标识语言，在任何文本编辑器中都可以打开和编辑 CSS 样式文件。由于 CSS 简单、易学，并且在网页设计中不可或缺，因此成为网页设计师必须掌握的基本语言。

1．CSS 基本结构

在使用 HTML 时，需要遵循一定的规范，而在使用 CSS 时亦如此。想要熟练地使用 CSS 对网页进行修饰，首先需要了解 CSS 样式规则，具体语法格式如下：

```
选择器{属性 1:属性值 1;属性 2:属性值 2;属性 3:属性值 3;}
```

在上面的样式规则中，选择器用于指定 CSS 样式作用的 HTML 对象，而大括号内则是对该对象设置的具体样式。其中，属性和属性值以键/值对的形式出现，属性是对指定的对象设置的样式属性，如字体大小、文本颜色等。属性和属性值之间使用英文状态下的冒号（:）进行连接，而多个键/值对之间则使用英文状态下的分号（;）进行分隔。

为了使读者更好地理解 CSS 样式规则，接下来通过 CSS 对标题标签<p>进行控制，代码如下：

```
p{font-size:28px;color:red;}
```

上面的代码就是一个完整的 CSS 样式。其中，p 为选择器，表示 CSS 样式作用的 HTML 对象为<p>标签；font-size 和 color 为 CSS 属性，分别表示字体大小和颜色，而 28px 和 red 则分别是它们的值。在书写 CSS 样式时，除了需要遵循 CSS 样式规则，还必须注意 CSS 代码结构中的几个特点，具体说明如下。

（1）CSS 样式中的选择器严格区分大小写，而属性和值则不区分大小写，但是按照书写习惯，选择器、属性和值一般都采用小写的方式。

（2）如果属性的值由多个单词组成且中间包含空格，则必须为这个属性值加上英文状态下的引号。示例如下：

```
p{font-family:"Times New Roman";}
```

（3）多个属性之间必须使用英文状态下的分号隔开，最后一个属性后面的分号可以省略，但是为了便于增加新样式最好保留。

（4）在编写 CSS 代码时，为了提高代码的可读性，通常会加上 CSS 注释。示例如下：

```
/*这是 CSS 注释文本，此文本不会显示在浏览器窗口中*/
```

（5）在 CSS 代码中，空格是不被解析的，花括号及分号前后的空格可有可无。因此可以使用空格、制表符、回车符等对样式代码进行排版，即所谓的格式化 CSS 代码，这样可以提高代码的可读性。示例如下：

```
h1{font-size:24px;color:blue;}
```

```
h1{font-size:24px;              /*定义字体大小属性*/
   color:blue;                  /*定义颜色属性*/
   }
```

上述两段代码所呈现的效果是一样的，但是采用第二种书写方式的代码的可读性更高。

2. HTML 文档中引入 CSS 样式

如果想要使用 CSS 修饰网页，就需要在 HTML 文档中引入 CSS 样式。引入 CSS 样式的常用方式有 3 种，具体说明如下。

1）行内样式

如果想要某段文字与其他段文字显示的风格不同，就可以使用行内样式，它适合控制某一个特定元素，它的控制范围最小。定义行内样式的一般语法格式如下：

```
style = "属性1:属性值;属性2:属性值;属性3:属性值;…"
```

CSS 样式定义是由属性和属性值组成的，其中，CSS 样式的属性名称和 HTML 标记的属性名称有所不同。示例如下：

```
<body style="background-color:#ccffee;">
    <p style="font-size:16px;color:red;">第一段文字。</p>
    <p style="font-style:italic;fontsize:20px;color:#bb22cc;"> 第二段文字。</p>
</body>
```

在上述代码片段中，分别对<body>和<p>标签进行了样式控制。

2）嵌入样式

嵌入样式也被称为内嵌样式，如果想要控制单个页面中同类型标签的样式，就可以使用嵌入样式。需要注意的是，它的控制范围是当前这个页面。嵌入样式放在<head>与</head>标签之间的<style>标签内，定义嵌入样式的一般语法格式如下：

```
<style type ="text/css">
    标签名{
        属性:属性值;
        ...
        }
</style>
```

示例如下：

```
<html>
        <head>
                <title>使用嵌入样式</title>
                <style type="text/css">
                        body{background-color:#ccffee}
                        h2{text-align:center;color:red}
                        p{font-size:20px;color:blue}
                </style>
        </head>
        <body>
                <h2>标题文字</h2>
                <p>第一段文字。</p>
        </body>
</html>
```

上述代码中的加粗和斜体部分就是嵌入样式，它对整个页面中的<body>、<h2>和<p>这 3 个标签进行了样式控制，在这个页面中，只要用到这 3 个标签就会受到设定样式的控制。

3）外部样式表

如果想要控制网站的整体风格，便于页面之间的样式共享，真正做到样式与内容分离，就需要使用外部样式表。外部样式表是独立于所有 HTML 页面的 CSS 文件，每个页面可以通过链接的形式把 CSS 文件应用到页面中。

应用外部样式表需要以下两个步骤：

（1）创建外部样式表文件。

（2）链接外部样式表文件。

链接外部样式表的一般语法格式如下：

```
<link type="text/css" rel="stylesheet"  href="CSS 文件路径" />
```

可以在一个网页中同时使用外部样式表、行内样式和嵌入样式，如果相互之间存在属性设置冲突，则优先权排列顺序为：嵌入样式>行内样式>外部样式表。

3.2.3　CSS 样式属性

CSS 语法和用法比较简单，但是如果想要灵活使用 CSS，则用户应该掌握 CSS 属性的语义和用法，只有这样才能够轻松驾驭 CSS，使用 CSS 设计出漂亮、兼容和灵活的网页样式与布局效果。

1. CSS 背景属性（background）

CSS 背景属性如表 3.2.3-1 所示。

表 3.2.3-1　CSS 背景属性

属　　性	描　　述	CSS
background	在一个声明中设置所有的背景属性	1
background-attachment	设置背景图片是否固定或随着页面的其余部分滚动	1
background-color	设置元素的背景颜色	1
background-image	设置元素的背景图片	1
background-position	设置背景图片的开始位置	1
background-repeat	设置是否及如何重复背景图片	1

2. CSS 边框属性（border）

CSS 边框属性如表 3.2.3-2 所示。

表 3.2.3-2　CSS 边框属性

属　　性	描　　述	CSS
border	在一个声明中设置所有的边框属性	1
border-bottom	在一个声明中设置所有的下边框属性	1
border-bottom-color	设置下边框的颜色	2
border-bottom-style	设置下边框的样式	2
border-bottom-width	设置下边框的宽度	2
border-color	设置四条边框的颜色	1
border-left	在一个声明中设置所有的左边框属性	1
border-left-color	设置左边框的颜色	2
border-left-style	设置左边框的样式	2
border-left-width	设置左边框的宽度	2
border-right	在一个声明中设置所有的右边框属性	1
border-right-color	设置右边框的颜色	2
border-right-style	设置右边框的样式	2
border-right-width	设置右边框的宽度	2
border-style	设置四条边框的样式	1
border-top	在一个声明中设置所有的上边框属性	1
border-top-color	设置上边框的颜色	2
border-top-style	设置上边框的样式	2
border-top-width	设置上边框的宽度	2
border-width	设置四条边框的宽度	1
outline	在一个声明中设置所有的轮廓属性	2
outline-color	设置轮廓的颜色	2
outline-style	设置轮廓的样式	2
outline-width	设置轮廓的宽度	2

3．CSS 文本属性（text）

CSS 文本属性如表 3.2.3-3 所示。

表 3.2.3-3　CSS 文本属性

属　　性	描　　述	CSS
color	设置文本的颜色	1
direction	设置文本的方向/书写方向	2
letter-spacing	设置字符间距	1
line-height	设置行高	1
text-align	设置文本的水平对齐方式	1
text-decoration	设置添加到文本中的装饰效果	1
text-indent	设置文本块首行的缩进	1
text-shadow	设置添加到文本中的阴影效果	2
text-transform	控制文本的大小写	1
white-space	设置如何处理元素中的空白	1
word-spacing	设置单词间距	1

4．CSS 字体属性（font）

CSS 字体属性如表 3.2.3-4 所示。

表 3.2.3-4　CSS 字体属性

属　　性	描　　述	CSS
font	在一个声明中设置所有的字体属性	1
font-family	设置文本的字体系列	1
font-size	设置文本的字体尺寸	1
font-size-adjust	为元素设置 aspect 值	1
font-stretch	收缩或拉伸当前的字体系列	1
font-style	设置文本的字体样式	1
font-variant	设置是否以小型大写字母的字体显示文本	1
font-weight	设置字体的粗细	1

5．CSS 外边距属性（margin）

CSS 外边距属性如表 3.2.3-5 所示。

表 3.2.3-5　CSS 外边距属性

属　　性	描　　述	CSS
margin	在一个声明中设置所有的外边距属性	1
margin-bottom	设置元素的下外边距	1
margin-left	设置元素的左外边距	1
margin-right	设置元素的右外边距	1
margin-top	设置元素的上外边距	1

6. CSS 内边距属性（padding）

CSS 内边距属性如下表 3.2.3-6 所示。

表 3.2.3-6　CSS 内边距属性

属　　性	描　　述	CSS
padding	在一个声明中设置所有的内边距属性	1
padding-bottom	设置元素的下内边距	1
padding-left	设置元素的左内边距	1
padding-right	设置元素的右内边距	1
padding-top	设置元素的上内边距	1

7. CSS 列表属性（list）

CSS 列表属性如表 3.2.3-7 所示。

表 3.2.3-7　CSS 列表属性

属　　性	描　　述	CSS
list-style	在一个声明中设置所有的列表属性	1
list-style-image	将图像设置为列表项标签	1
list-style-position	设置列表项标签的放置位置	1
list-style-type	设置列表项标签的类型	1

8. CSS 尺寸属性（dimension）

CSS 尺寸属性如表 3.2.3-8 所示。

表 3.2.3-8　CSS 尺寸属性

属　　性	描　　述	CSS
height	设置元素的高度	1
max-height	设置元素的最大高度	2
max-width	设置元素的最大宽度	2
min-height	设置元素的最小高度	2
min-width	设置元素的最小宽度	2
width	设置元素的宽度	1

9. CSS 定位属性（positioning）

CSS 定位属性如表 3.2.3-9 所示。

表 3.2.3-9　CSS 定位属性

属　　性	描　　述	CSS
bottom	设置定位元素下外边距边界与其包含块下边界之间的偏移	2
clear	设置元素的哪一侧不允许出现其他浮动元素	1
clip	剪裁绝对定位元素	2
cursor	设置要显示的光标的类型（形状）	2
display	设置元素应该生成的框的类型	1

续表

属　　　性	描　　　述	CSS
float	设置框是否应该浮动	1
left	设置定位元素左外边距边界与其包含块左边界之间的偏移	2
overflow	设置当内容溢出元素框时发生的事情	2
position	设置元素的定位类型	2
right	设置定位元素右外边距边界与其包含块右边界之间的偏移	2
top	设置定位元素上外边距边界与其包含块上边界之间的偏移	2
vertical-align	设置元素的垂直对齐方式	1
visibility	设置元素是否可见	1
z-index	设置元素的堆叠顺序	2

10．CSS 表格属性（table）

CSS 表格属性如表 3.2.3-10 所示。

表 3.2.3-10　CSS 表格属性

属　　　性	描　　　述	CSS
border-collapse	设置是否合并表格边框	2
border-spacing	设置相邻单元格边框之间的距离	2
caption-side	设置表格标题的位置	2
empty-cells	设置是否显示表格中的空单元格上的边框和背景	2
table-layout	设置用于表格的布局算法	2

11．CSS 伪类属性（pseudo-classes）

CSS 伪类属性如表 3.2.3-11 所示。

表 3.2.3-11　CSS 伪类属性

属　　　性	描　　　述	CSS
:active	向被激活的元素添加样式	1
:focus	向拥有键盘输入焦点的元素添加样式	2
:hover	当鼠标指针悬浮在元素上方时，向元素添加样式	1
:link	向未被访问的链接添加样式	1
:visited	向已被访问的链接添加样式	1
:first-child	向元素的第一个子元素添加样式	2
:lang	向带有指定 lang 属性的元素添加样式	2

3.2.4　基本选择器

基本选择器包括标签选择器、类选择器和 id 选择器 3 种类型，而其他选择器都是在这些选择器的基础上组合而成的,灵活使用这些选择器是使用 CSS 控制网页显示效果的基础。在基本选择器中还包括一种特殊的类型，即通配选择器，通配选择器能够匹配网页中所有的标签。

1. 标签选择器

HTML 网页由标签和网页信息组成，网页信息都包含在各种标签中，如果想要控制这些内容的显示效果，最简单的方法就是匹配这些标签。标签选择器正是用来确定哪些标签需要定义样式的。标签选择器是指使用 HTML 标签名称作为选择器，按照标签名称进行分类，为页面中某一类标签指定统一的 CSS 样式，其基本语法格式如下：

```
标签名{
    属性1:属性值1;
    属性2:属性值2;
    属性3:属性值3;
    …
}
```

在该语法中，所有的 HTML 标签名都可以作为标签选择器，如\<body\>、\<p\>、\<img\> 标签等。使用标签选择器定义的样式对页面中该类型的所有标签都生效。

例如，使用\<p\>标签选择器定义 HTML 页面中所有段落的样式，示例代码如下：

```
<style type ="text/css">
    p{
    font-size:12px;
    color:#ffffff;
    font-family:"微软雅黑";
    }
</style>
```

在上述 CSS 样式代码中，设置 HTML 页面中所有段落文本的字体大小为 12px、颜色为#ffffff、字体为微软雅黑。

有时可以把标签选择器称为类型选择器，类型选择器规定了网页元素在页面中的默认显示样式。因此，标签选择器可以快速、方便地控制页面标签的默认显示效果。

2. 类选择器

标签选择器虽然很方便，但是也存在缺陷，这是因为每个标签选择器所定义的样式不仅会影响某一个特定对象，而且会影响到页面中所有的同名标签。如果希望同一个标签在网页的不同位置显示不同的样式，则使用这种方法就存在很多弊端。类选择器能够为网页对象定义不同的样式类，从而实现不同元素拥有相同的样式，相同元素的不同对象拥有不同的样式。

类选择器使用英文点号（.）进行标识，后面紧跟类名，其基本语法格式如下：

```
.类名{
    属性1:属性值1;
    属性2:属性值2;
    属性3:属性值3;
    …
}
```

在该语法中，类名即 HTML 元素的 class 属性值，大多数 HTML 元素都可以定义 class 属性。类选择器最大的优势是可以为元素对象定义单独或相同的样式。

在自定义类名时，只能够使用字母、数字、下画线（_）和连字符（-），类名首字符必须以字母开头，否则无效。另外，类名是区分大小写的，所以类 textinput 和类 TextInput 属于两个不同的类。应用类样式可以使用 class 属性来实现，HTML 中的所有元素都支持该属性，只要在标签中定义 class 属性，然后把该属性值设置为事先定义好的类选择器的名称即可。

例如，利用类选择器为页面中 3 个相邻的段落文本对象定义不同的样式。其中，第 1 和第 3 段文本的字体大小为 12px、字体颜色为红色，第 2 段文本的字体大小为 18px、字体颜色为蓝色。示例代码如下：

```
<style type ="text/css">
.p1{
    font-size:12px;
    color:red;
    }
.p2{
    font-size:18px;
    color:blue;
    }
</style>
<body>
    <h1 class="p1">纸上得来终觉浅，绝知此事要躬行。</h1>
    <P class="p2">不经一番寒彻骨，怎得梅花扑鼻香</P>
    <P class="p1">非学无以广才，非志无以成学</P>
</body>
```

在浏览器中展示类选择器的应用效果，如图 3.2.4-1 所示。

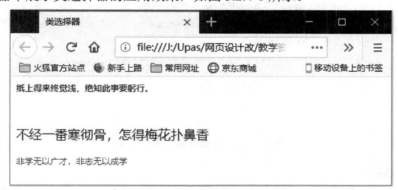

图 3.2.4-1　类选择器的应用效果

3．id 选择器

id 是英文 identity 的缩写，它表示编号的意思，一般用于指定标签在 HTML 文档中的唯一编号。id 选择器与标签选择器和类选择器的作用范围不同，id 选择器仅仅定义一个对象的样式，而标签选择器和类选择器可以定义多个对象的样式。id 选择器使用#进行标识，后面紧跟 id 名，其基本语法格式如下：

```
#id 名{
    属性 1:属性值 1;
    属性 2:属性值 2;
    属性 3:属性值 3;
    …
}
```

在该语法中，id 名即 HTML 元素的 id 属性值。大多数 HTML 元素都可以定义 id 属性，并且元素的 id 属性值是唯一的，只能对应于文档中某一个具体的元素。id 名的命名规则与类名的命名规则相同。

例如，利用 id 选择器为页面中两个相邻的段落文本对象定义不同的样式。其中，第 1 段文本的字体大小为 12px、字体颜色为红色，第 2 段文本的字体大小为 18px、字体颜色为蓝色。示例代码如下：

```
<style type ="text/css">
#p1{
    font-size:12px;
    color:red;
    }
#p2{
    font-size:18px;
    color:blue;
    }
</style>
<body>
  <h1 id="p1">纸上得来终觉浅，绝知此事要躬行。</h1>
    <P id="p2">不经一番寒彻骨，怎得梅花扑鼻香</P>
</body>
```

在浏览器中展示 id 选择器的应用效果，如图 3.2.4-2 所示。

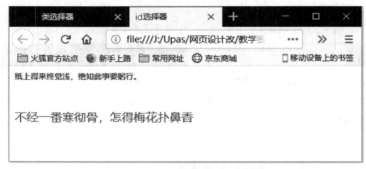

图 3.2.4-2　id 选择器的应用效果

4. 通配选择器

如果 HTML 中的所有元素都需要定义相同的样式，则为一个一个元素分别定义样式会感觉很麻烦，那么应该怎么办呢？这时不妨使用通配选择器。通配选择器是固定的，它使用星号（*）来表示。例如，想要清除所有的边距样式，则可以使用下面的方式来定义：

```
*{
    margin:0;
    padding:0;
}
```

当然，使用通配选择器会影响到页面中所有元素的显示效果，因此在使用时要慎重选择。

3.2.5　复合选择器

标签选择器、类选择器和 id 选择器是 CSS 中最基本的选择器。除此以外，用户还需要掌握复合选择器的使用方法，如子选择器、包含选择器、多层选择器嵌套、伪类选择器和伪元素选择器等。

1．子选择器

子选择器是指定父元素所包含的子元素，使用尖角号（>）来表示，其基本语法格式如下：

```
父元素>子元素{
  属性1:属性值1;
  属性2:属性值2;
  属性3:属性值3;
  …
}
```

如果希望选择只作为 p 元素子元素的 font 元素，则可以这样写：p>font，示例代码如下：

```
<style type ="text/css">
p>font{
  color:red;
  font-size:24px;
  }
</style>
<body>
  <P>子选择器是指定<font>父元素所包含的子元素</font></P>
</body>
```

在浏览器中展示子选择器的应用效果，如图 3.2.5-1 所示。

图 3.2.5-1 子选择器的应用效果

2．包含选择器

包含选择器通过空格标识符来表示，前面的一个选择器表示包含框对象的选择器，而后面的选择器表示被包含的选择器，其基本语法格式如下：

```
包含选择器 被包含的选择器{
  属性1:属性值1;
  属性2:属性值2;
  属性3:属性值3;
  …
}
```

如果希望样式只作用于 ul 元素包含的 li 元素，则可以这样写：ul li，示例代码如下：

```
<style type ="text/css">
ul li{
  display:inline-block;
  width:150px;
  font-size:18px;
  color:blue;
  }
</style>
```

```
<body>
 <ul>
   <li><a>2019 年度人物</a></li>
   <li><a>2018 年度人物</a></li>
   <li><a>2017 年度人物</a></li>
 </ul>
</body>
```

在浏览器中展示包含选择器的应用效果，如图 3.2.5-2 所示。

图 3.2.5-2　包含选择器的应用效果

3．多层选择器嵌套

CSS 允许使用多层选择器嵌套来实现对 HTML 结构中纵深元素的控制。嵌套的层级没有进行明确的限制。嵌套的方法利用空格标识符来实现。示例代码如下：

```
<style type ="text/css">
 ul li{
   font-size:18px;
   color:blue;
   }
nav ul li{
   display:inline-block;
   width:180px;
   font-size:24px;
   }
</style>
<body>
<nav>
   <ul>
     <li><a>2019 年度人物</a></li>
     <li><a>2018 年度人物</a></li>
     <li><a>2017 年度人物</a></li>
   </ul>
 </nav>
 <hr>
 <ul>
   <li>钟扬：立心天地厚</li>
   <li>杜富国：临危岂顾生</li>
 </ul>
</body>
```

在浏览器中展示多层选择器嵌套的应用效果，如图 3.2.5-3 所示。

4．伪类选择器和伪元素选择器

伪类选择器和伪元素选择器是一类特殊的选择器，它定义了一些特殊区域或特殊状态下的样式，这些特殊区域或特殊状态是无法通过标签、id 或 class 及其他属性来进行精确控制的。伪类选择器和伪元素选择器以英文状态下的冒号（:）为前缀来表示。

图 3.2.5-3　多层选择器嵌套的应用效果

例如，利用超链接的 4 个伪类选择器定义超链接文本的 4 种不同的显示状态。示例代码如下：

```
<style type ="text/css">
nav ul li{
  display:inline-block;
  width:180px;
  font-size:24px;
  }
a:link{color:#30F;}
a:hover{color:#F3Cc;}
a:visited{color:#90F;}
a:active{color:#33F;}
</style>
<body>
<nav>
  <ul>
    <li><a>2019 年度人物</a></li>
    <li><a>2018 年度人物</a></li>
    <li><a>2017 年度人物</a></li>
  </ul>
 </nav>
</body>
```

在浏览器中展示伪类选择器和伪元素选择器的应用效果，如图 3.2.5-3 所示。

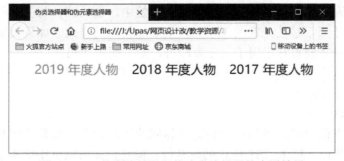

图 3.2.5-3　伪类选择器和伪元素选择器的应用效果

3.2.6　CSS 高级特性

1．层叠性

所谓 CSS 层叠性，是指多种 CSS 样式的叠加。例如，当使用行内样式定义字体大小为 18px，使用嵌入样式定义<p>标签的颜色为红色，使用外部样式表定义<p>标签的背景颜色为蓝色时，那么段落文本将显示为 18px、红色，背景颜色为蓝色，即这 3 种样式产生了叠加。

示例代码如下：

```
<style type ="text/css">
 p{
   color:red;
   }
 #p2{
    background:blue;
    }
</style>
<body>
   <p id="p2"  style="font-size:18px">CSS 样式层叠性</P>
</body>
```

在浏览器中展示 CSS 层叠性的应用效果，如图 3.2.6-1 所示。

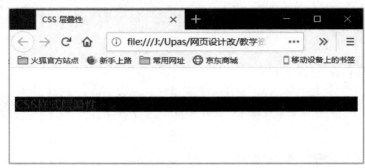

图 3.2.6-1　CSS 层叠性的应用效果

2．继承性

继承性是指在书写 CSS 样式时，子标签会继承父标签的某些样式，如文本颜色和字号等。例如，定义主体元素<body>标签的文本颜色为蓝色，那么页面中所有的文本都将显示为蓝色，这是因为其他的标签都嵌套在<body>标签中，是<body>标签的子标签。继承性非常有用，它使设计师不必在元素的每个后代上添加相同的样式。如果设置的属性是一个可继承的属性，则只需要将它应用于父元素即可，如下面的代码：

```
p, div, h1, h2, h3, h4, ul, ol, dl, li{color:blue;}
```

就可以写成如下格式：

```
body{color:blue;}
```

第二种写法不仅可以达到与第一种写法相同的控制效果，而且代码更简洁。恰当地使用继承可以简化代码，降低 CSS 样式的复杂性。但是，如果网页中所有的元素都大量继承样式，那么判断样式的来源就会很困难，所以对于字体、文本属性等网页中通用的样式可以使用继承。

3．CSS 优先级

在定义 CSS 样式时，经常出现两个或更多规则应用在同一个元素上的情况，那么这些规则之间有没有一个优先级的关系呢？现在我们就来研究一下 CSS 优先级的关系。

CSS 优先级的四大原则如下所述。

原则一：继承不如指定

如果某样式是继承来的，则该样式的优先级永远不如具体指定样式的优先级高。

示例 1 代码如下：

```
<style type="text/css">
<!--
*{font-size:20px;}
.class3{font-size: 12px;}
-->
</style>
<span class="class3">我是多大字号？</span>
```

运行结果：我是多大字号？

示例 2 代码如下：

```
<style type="text/css">
<!--
#id1 #id2{font-size:20px;}
.class3{font-size:12px;}
-->
</style>
<div id="id1" class="class1">
<p id="id2" class="class2"> <span id="id3" class="class3">我是多大字号？</span>
</p>
</div>
```

运行结果：我是多大字号？

注意：后面的几大原则都是建立在"指定"的基础上的。

原则二：#id > .class > 标签选择器 > 通配选择器

示例代码如下：

```
<style type="text/css">
<!--
#id3{font-size:25px;}
.class3{font-size:18px;}
span{font-size:12px;}
-->
</style>
<span id="id3" class="class3">我是多大字号？</span>
```

运行结果：我是多大字号？

原则三：越具体越强大

当对某个元素的类选择器样式定义的越具体，层级越明确时，该类选择器样式的优先级就越高。

示例代码：

```
<style type="text/css">
<!--
.class1 .class2 .class3{font-size:25px;}
.class2 .class3{font-size:18px;}
.class3{font-size:12px;}
-->
```

```
</style>
<div class="class1">
<p class="class2"> <span class="class3">我是多大字号？</span> </p>
</div>
```

运行结果：我是多大字号？

原则四：标签#id >#id；标签.class > .class

示例代码如下：

```
<style type="text/css">
<!--
span#id3{font-size:18px;}
#id3{font-size:12px;}
span.class3{font-size:18px;}
.class3{font-size:12px;}
-->
</style>
<span id="id3">我是多大字号？</span>
<span class="class3">我是多大字号？</span>
```

运行结果：我是多大字号？我是多大字号？

小贴士

很多读者会有这样的疑问：为什么不把原则四归入原则二形成原则"标签#id >#id > 标签.class > .class > 标签选择符 > 通配选择器"呢？或者将原则"标签.class"看作更为具体的.class从而归入原则二呢？后面将解答各位读者的疑惑，因为这涉及CSS的解析规律——这四大原则之间也是有优先级的。是不是有些糊涂了？别急，继续看。

四大原则的权重

相信很多人都知道上面的四大原则，但是不要以为知道了这四大原则就能分辨CSS中哪一条代码是起作用的。不信？你能在5秒内肯定地知道下面这段代码中测试的文字的字号吗？示例代码如下：

```
<style type="text/css">
<!--
.class1 p#id2 .class3{font-size:25px;}
div .class2 span#id3{font-size:18px;}
#id1 .class3{font-size:14px;}
.class1 #id2 .class3{font-size:12px;}
#id1 #id2{font-size:10px;}
-->
</style>
<div id="id1" class="class1">
<p id="id2" class="class2"> <span id="id3" class="class3">我是多大字号？</span> </p>
</div>
```

四大原则的权重：原则一 > 原则二 > 原则三 > 原则四

解释：首先遵循原则一，有指定样式则开始使用下面的原则，无指定样式则继承离它最近的样式；然后开始原则二。

（1）比较最高优先级的选择器。

示例代码如下：

```
<style type="text/css">
```

```
<!--
#id3{font-size:18px;}
.class1 .class2 .class3{font-size:12px;}  /*描述得再具体也不起作用——原则二*/
.class3{font-size:18px;}
div p span{font-size:12px;}
-->
</style>
<div id="id1" class="class1">
<p id="id2" class="class2"> <span id="id3" class="class3">我是多大字号? </span> </p>
</div>
```

运行结果： 我是多大字号?

删掉上面 CSS 代码中的前两行可以得出,如果没有最高级别的#id,则代码会寻找.class,即使后面的 CSS 代码按照原则二描述得再具体,也无法突破原则一。

（2）如果两条 CSS 样式定义语句的最高选择器的优先级一样,则比较它们的数量。

示例代码如下：

```
<style type="text/css">
<!--
.class1 #id3{font-size:12px;}
.class1 .class2 #id3{font-size:14px;}
-->
</style>
<div id="id1" class="class1">
<p id="id2" class="class2"> <span id="id3" class="class3">我是多大字号? </span> </p>
</div>
```

运行结果： 我是多大字号?

（3）如果最高选择器的优先级和数量都一样,则按照原则二比较它们的下一级,以此类推。

示例代码如下：

```
<style type="text/css">
<!--
#id1 .class2 .class3{font-size:14px;}
div .class2 #id3{font-size:12px;}
-->
</style>
<div id="id1" class="class1">
<p id="id2" class="class2"> <span id="id3" class="class3">我是多大字号? </span> </p>
```

运行结果： 我是多大字号?

3.3　任务实施

 **任务陈述**

本任务的主要内容是使用 HTML5 标签和 CSS 样式实现热点新闻网首页（见图 3.3-1）。涉及的基础知识主要包括 HTML 文本格式标签、段落标签、CSS 样式的定义和应用、CSS 选择器等。

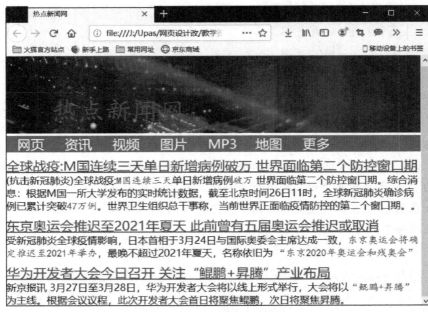

图 3.3-1　热点新闻网首页

任务 1：实现热点新闻网首页的信息展示

步骤一：新建 HTML 文档，完成头部信息的设置

（1）新建 HTML 文档，并保存为 news_index.html。

（2）在 news_index.html 文件中实现头部信息的设置。

关键代码如下：

```
<header>
<p>热点新闻网</p>
</header>
```

（3）在 news_index.html 文件中实现导航信息的设置。

关键代码如下：

```
<nav>
  <ul>
    <li><a>网页</a></li>
    <li><a>资讯</a></li>
    <li><a>视频</a></li>
    <li><a>图片</a></li>
    <li><a>MP3</a></li>
    <li><a>地图</a></li>
    <li><a>更多</a></li>
  </ul>
</nav>
```

头部信息和导航信息设置完成后的效果如图 3.3-2 所示。

图 3.3-2 头部信息和导航信息设置完成后的效果

步骤二：实现 news_index.html 页面文本信息的设置

关键代码如下：

```
<ul><li>
    <p class="p_title">
        <a href="">全球战疫:<font>M 国连续三天单日新增病例破万</font> 世界面临第二个防控窗口期
</a>
    </p>
    <p class="p_content">
        （抗击新冠肺炎）全球战疫:<font>M 国连续三天</font>单日新增病例<font>破万</font> 世界
面临第二个防控窗口期。综合消息：根据 M 国一所大学发布的实时统计数据，截至北京时间 26 日 11 时，全球
新冠肺炎确诊病例已累计突破<font>47 万例</font>。世界卫生组织总干事称，当前世界正面临疫情防控的第
二个窗口期。
    </p>
</li></ul>
<ul><li>
    <p class="p_title">
        <a href=""><font>东京奥运会</font>推迟至 2021 年夏天 此前曾有五届奥运会推迟或取消</a>
    </p>
    <p class="p_content">
        受新冠肺炎全球疫情影响，日本首相于 3 月 24 日与国际奥委会主席达成一致，<font>东京奥运会将确定
推迟至 2021 年举办</font>，最晚不超过 2021 年夏天，名称依旧为  <font>"东京 2020 年奥运会和残奥会"
</font>
    </p>
</li></ul>
<ul><li>
    <p class="p_title">
        <a href="">华为开发者大会今日召开 关注<font>"鲲鹏+昇腾"</font>产业布局</a>
    </p>
    <p class="p_content">
        新京报讯 3 月 27 日至 3 月 28 日，华为开发者大会将以线上形式举行，大会将以<font>"鲲鹏+昇腾"
</font>为主线。根据会议议程，此次开发者大会首日将聚焦鲲鹏，次日将聚焦昇腾。
    </p>
</li></ul>
```

文本信息设置完成后的效果如图 3.3-3 所示。

图 3.3-3　文本信息设置完成后的效果

任务 2：实现热点新闻网首页的样式设置

步骤一：使用行内样式设置头部样式

为头部添加背景和设置文本样式，代码如下：

```
<header style="font-size:48px; color:#33F; height:150px; background:url(title.jpg);">
<p style=" margin-left:80px; padding-top:80px; font-family:fantasy, cursive;" >热点新闻网</p>
</header>
```

头部样式设置完成后的效果如图 3.3-4 所示。

图 3.3-4　头部样式设置完成后的效果

步骤二：使用嵌入样式设置导航样式

代码如下：

```
<style type ="text/css">
*{
  padding:0;
  margin:0;
}
nav ul{
  background:#36F;
  margin-top:5px;
  padding-left:20px;
  }
nav ul li{
  display:inline-block;
  width:80px;
  font-size:24px;
  color:#FFF;
  }
</style>
```

导航样式设置完成后的效果如图 3.3-5 所示。

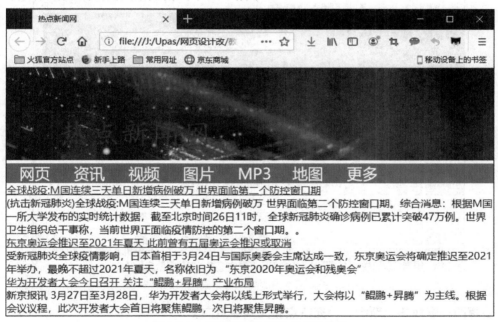

图 3.3-5 导航样式设置完成后的效果

步骤三：使用外部样式表设置文本内容样式

（1）创建 CSS 样式文件，并命名为 style.css。

（2）在 style.css 文件中定义 CSS 样式，代码如下：

```
a:link{color:#30F;}
a:hover{color:#F3Cc;}
a:visited{color:#90F;}
a:active{color:#33F;}
.p_title{
  margin-top:10px;
  font-size:24px;
  color:black;
```

```
    }
.p_title font{
  color:red;
    }
.p_content{
  font-size:18px;
  color:black;
    }
.p_content font{
  color:red;
  font-family:fantasy, cursive;
    }
```

（3）在 news_index.html 文件中的<head>标签中使用<link>标签引入外部样式文件 style.css，代码如下：

```
<link type="text/css" rel="stylesheet" href="style.css"/>
```

文本内容样式设置完成后的效果如图 3.3-6 所示。

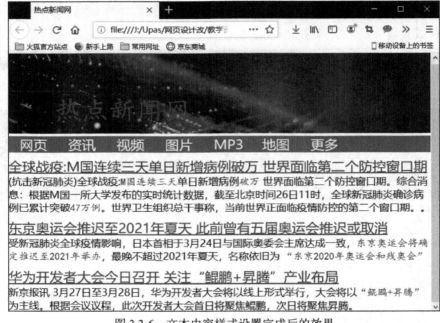

图 3.3-6　文本内容样式设置完成后的效果

步骤四：查找热点新闻，补充热点新闻网首页内容

3.4　任务总结

通过对本项目知识的学习和任务的完成，我们掌握了 CSS 样式的定义和应用的方法。重点知识如下所述。

1. CSS 基本结构

想要熟练地使用 CSS 对网页进行修饰，首先需要了解 CSS 样式规则，具体语法格式如下：

```
选择器{属性1:属性值1;属性2:属性值2;属性3:属性值3;}
```

2．标签选择器

标签选择器是指使用 HTML 标签名称作为选择器，按照标签名称进行分类，为页面中某一类标签指定统一的 CSS 样式，其基本语法格式如下：

```
标签名{
  属性1:属性值1;
  属性2:属性值2;
  属性3:属性值3;
  …
}
```

3．类选择器

类选择器能够为网页对象定义不同的样式类，从而实现不同元素拥有相同的样式，相同元素的不同对象拥有不同的样式。

类选择器使用英文点号（.）进行标识，后面紧跟类名，其基本语法格式如下：

```
.类名{
  属性1:属性值1;
  属性2:属性值2;
  属性3:属性值3;
  …
}
```

4．id 选择器

id 选择器与标签选择器和类选择器的作用范围不同，id 选择器仅仅定义一个对象的样式，而标签选择器和类选择器可以定义多个对象的样式。id 选择器使用#进行标识，后面紧跟 id 名，其基本语法格式如下：

```
#id名{
  属性1:属性值1;
  属性2:属性值2;
  属性3:属性值3;
  …
}
```

5．通配选择器

通配选择器是固定的，它使用星号（*）来表示。如果想要清除所有的边距样式，则可以使用下面的方式来定义：

```
*{
  margin:0;
  padding:0;
}
```

6．子选择器

子选择器是指定父元素所包含的子元素，使用尖角号（>）来表示，其基本语法格式如下：

```
父元素>子元素{
  属性1:属性值1;
  属性2:属性值2;
  属性3:属性值3;
  …
}
```

7．包含选择器

包含选择器通过空格标识符来表示，前面的一个选择器表示包含框对象的选择器，而后面的选择器表示被包含的选择器，其基本语法格式如下：

```
包含选择器 被包含的选择器{
    属性1:属性值1;
    属性2:属性值2;
    属性3:属性值3;
    …
}
```

8．多层选择器嵌套

CSS 允许使用多层选择器嵌套来实现对 HTML 结构中纵深元素的控制。嵌套的层级没有进行明确的限制。嵌套的方法利用空格标识符来实现。

9．伪类选择器和伪元素选择器

伪类选择器和伪元素选择器是一类特殊的选择器，它定义了一些特殊区域或特殊状态下的样式，这些特殊区域或特殊状态是无法通过标签、id 或 class 及其他属性来进行精确控制的。伪类选择器和伪元素选择器以英文状态下的冒号（:）为前缀来表示。

10．HTML 文档中引入 CSS 样式

1）行内样式

如果想要某段文字与其他段文字显示的风格不同，就可以使用行内样式，它适合控制某一个特定元素，它的控制范围最小。定义行内样式的一般语法格式如下：

```
style = "属性1:属性值;属性2:属性值;属性3:属性值;…"
```

2）嵌入样式

嵌入样式也被称为内嵌样式，若想要控制单个页面中同类型标签的样式，就可以使用它。需要注意的是，它的控制范围是当前这个页面。嵌入样式放在<head>与</head>标签之间的<style>标签内，定义嵌入样式的一般语法格式如下：

```
<style type ="text/css" >
    标签名{
         属性:属性值;
         …
         }
</style>
```

3）外部样式表

如果想要控制网站的整体风格，便于页面之间的样式共享，从而真正做到样式与内容分离，就需要使用外部样式表。外部样式表是独立于所有 HTML 页面的 CSS 文件，每个页面可以通过链接的形式把 CSS 文件应用到页面中。

3.5 能力与知识拓展

💡 定义图像样式

在 CSS 没有普及前，主要使用<img>标签的属性来控制图像样式，如大小、边框和位

置等。使用 CSS 可以更方便地控制图像显示、设计各种特殊效果。

1．定义图像大小

<img>标签包含 width 和 height 属性，使用它们可以控制图像的大小，在标准网页设计中这两个属性依然可以使用。不过 CSS 提供了更符合标准网页设计的 width 和 height 属性，由此可以构建更符合结构和表现相分离的应用。

示例代码如下：

```
<style type="text/css">
.image{
    width:300px;
    }
</style>
<body>
<img class="image" src="image2.jfif"/>
<img class="image" src="image2.jfif"/>
<img class="image" src="image2.jfif"/>
<img src="image2.jfif"/>
</body>
```

上述代码在浏览器中运行的效果如图 3.5-1 所示。可以看到使用 CSS 可以更方便地控制图像大小，并且代码的长度明显减少，这样不但代码清晰易读，而且提升了网页设计的灵活性。

使用<img>标签的 width 和 height 属性来定义图像大小存在很多局限性。一方面是因为它不符合结构和表现的分离原则；另一方面则是因为使用标签属性定义图像大小只能够以像素为单位。而使用 CSS 属性可以自由选择任何相对和绝对单位。在设计图像大小随包含框的宽度而变化时，使用百分比非常有用。当图像大小取值为百分比时，浏览器将根据图像包含框的宽度和高度进行计算。

图 3.5-1　图像宽度样式设置完成后的效果

2. 定义图像边框

CSS 为元素边框定义了众多样式，边框样式可以使用 border-style 属性来定义。边框样式包括两种：虚线框和实线框。

（1）虚线框包括 dotted（点）和 dashed（虚线）。

（2）实线框包括实线框（solid）、双线框（double）、立体凹槽（groove）、立体凸槽（ridge）、立体凹边（inset）、立体凸边（outset）。其中，实线框是应用十分广泛的一种边框样式。

示例代码如下：

```
<style type="text/css">
img{
   width:300px;
   }
.image1{
   border-style:dashed;
   }
.image2{
   border-style:dotted;
   }
.image3{
   border-style:double;
   }
</style>
<body>
<img class="image1" src="image2.jfif"/>
<img class="image2" src="image2.jfif"/>
<img class="image3" src="image2.jfif"/>
<img src="image2.jfif"/>
</body>
```

上述代码在浏览器中运行的效果如图 3.5-2 所示。

图 3.5-2　图像边框样式设置完成后的效果

3.定义图像透明度

在 CSS3 中，可以使用 opacity 属性来定义图像的不透明度，其取值范围是 0～1，数值越小，则透明度越高，0 表示完全透明，而 1 则表示完全不透明。

示例代码如下：

```
<style type="text/css">
img{
  width:300px;
  }
.image1{
  border-style:dashed;
  opacity:0.1;
  }
.image2{
  border-style:dotted;
  opacity:0.3;
  }
.image3{
  border-style:double;
  opacity:0.8;
   }
</style>
<body>
<img class="image1" src="image2.jfif"/>
<img class="image2" src="image2.jfif"/>
<img class="image3" src="image2.jfif"/>
<img src="image2.jfif"/>
</body>
```

上述代码在浏览器中运行的效果如图 3.5-3 所示。

图 3.5-3 图像透明度样式设置完成后的效果

3.6　巩固练习

1. 完成如图 3.6-1 所示的好听音乐网首页导航信息的设置。

图 3.6-1　好听音乐网首页导航信息设置效果

2. 查找资料，完成如图 3.6-2 所示的图文混排效果。

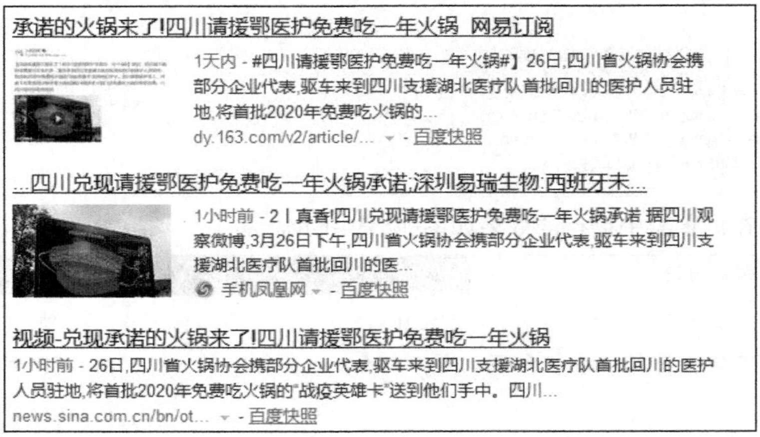

承诺的火锅来了!四川请援鄂医护免费吃一年火锅　网易订阅

1天内 - #四川请援鄂医护免费吃一年火锅#】26日，四川省火锅协会携部分企业代表，驱车来到四川支援湖北医疗队首批回川的医护人员驻地，将首批2020年免费吃火锅的...

dy.163.com/v2/article/... ▾ - 百度快照

...四川兑现请援鄂医护免费吃一年火锅承诺;深圳易瑞生物:西班牙未...

1小时前 - 2 | 真香!四川兑现请援鄂医护免费吃一年火锅承诺 据四川观察微博,3月26日下午,四川省火锅协会携部分企业代表,驱车来到四川支援湖北医疗队首批回川的医...

 手机凤凰网 ▾ - 百度快照

视频-兑现承诺的火锅来了!四川请援鄂医护免费吃一年火锅

1小时前 - 26日,四川省火锅协会携部分企业代表,驱车来到四川支援湖北医疗队首批回川的医护人员驻地,将首批2020年免费吃火锅的"战疫英雄卡"送到他们手中。四川...

news.sina.com.cn/bn/ot... ▾ - 百度快照

图 3.6-2　图文混排效果

下篇　应用实践部分

项目4

网页 div+CSS 布局设计与制作

　　div+CSS 布局是目前比较流行的一种网页布局技术。div 用来存放需要显示的数据（如文字、图表等），CSS 用来指定数据在网页中怎样显示，从而达到数据和显示相分离的效果。盒子模型是 HTML+CSS 中最核心的基础知识，把 HTML 页面中的元素看作一个矩形的盒子，每个矩形盒子都是由元素的内容（content）、内边距（padding）、边框（border）和外边距（margin）组成的。只有掌握了盒子模型的各种规律和特征，才可以更好地控制网页中各个元素所呈现的效果。

　　本项目以重庆愉快网学做菜首页页面为实例，具体讲解在使用 div 对页面进行布局后，使用 CSS 进行样式定义，来达到修饰、美化页面的效果。

4.1　任务目标

知识目标

1. 理解盒子模型，掌握盒子模型的相关属性。
2. 理解元素的浮动，熟悉清除浮动的方法。
3. 掌握元素的定位。
4. 掌握 div+CSS 层叠样式在网页设计中的作用。

技能目标

1. 能正确设置 CSS 样式控制 div 的方式。
2. 能够制作常见的盒子模型效果。
3. 能够为元素设置浮动样式。
4. 能够应用常见的定位模式为元素设置定位。

素质目标

1．培养规范的编码习惯。
2．培养团队的沟通、交流和协作能力。
3．培养学生的审美能力。

4.2 知识准备

div+CSS 是 Web 设计标准，它是一种网页的布局方法。这种网页布局方式与传统的网页设计中通过表格（table）布局定位的方式不同，它可以实现网页页面内容与表现相分离。提及 div+CSS 组合，还要从 XHTML 说起。XHTML 是一种在 HTML 基础上优化和改进的新语言，目的是基于 XML 应用与强大的数据转换能力来满足未来网络应用更多的需求。

"div+CSS"其实是错误的叫法，标准的叫法应是 XHTML+CSS。这是因为 div 与 table 都是 XHTML 或 HTML 中的一个标签，而 CSS 只是一种表现形式。也许其提出者本意并没有错，但是跟风者从表现上曲解了其意思，认为整个页面就应当是 div+CSS 文件的组合。

4.2.1 CSS 盒子模型

盒子模型是 CSS 布局的核心概念。了解 CSS 盒子模型的结构和用法，对于网页布局而言是很重要的。盒子模型就是把 HTML 页面中的元素看作一个矩形的盒子，也就是一个盛装内容的容器。每个矩形盒子都由元素的内容（content）、内边距（padding）、边框（border）和外边距（margin）组成。CSS 盒子模型的结构如图 4.2.1-1 所示。

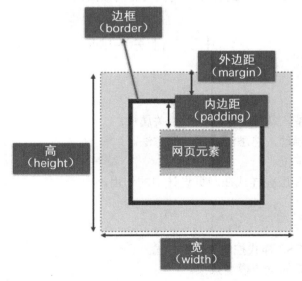

图 4.2.1-1 CSS 盒子模型的结构

每个属性都包括上、右、下、左 4 个部分，而属性的 4 个部分可以同时进行设置，也可以分别进行设置。盒子模型中各个属性的空间位置关系如图 4.2.1-2 所示。

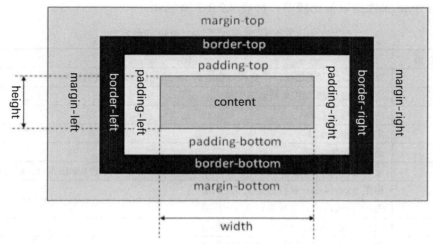

图 4.2.1-2　盒子模型中各个属性的空间位置关系

4.2.2　盒子模型属性设置

1. 盒子边框（border）

border 属性用来定义盒子的边框，可以通过 border-top（顶部边框）、border-right（右侧边框）、border-bottom（底部边框）、border-left（左侧边框）为盒子的各边定义独立的边框样式。

border 包含 border-style（边框样式）、border-color（边框颜色）和 border-width（边框宽度）3 个子属性。这 3 个属性的关系比较紧密，如果没有定义 border-style 属性，则所定义的 border-color 和 border-width 属性是无效的；反之，如果没有定义 border-color 和 border-width 属性，则定义 border-style 属性也是没有用的。

1）设置 border-width（边框宽度）

① 使用关键字 thin、medium 和 thick 设置边框宽度。不同的浏览器为 border-width 设置了默认值（默认为 medium）。medium 等于 2～3px（视不同的浏览器而定），thin 等于 1～2px，thick 等于 3～5px。

② 直接在属性后面指定宽度值。在设置边框宽度时，可以直接设置所有的边框宽度值，也可以分别设置边框宽度值，如下所示：

```
border-width:2px;              /*定义 4 个边框的宽度都为 2px*/
border-width:2px 4px;          /*定义上、下边框的宽度为 2px，左、右边框的宽度为 4px*/
/*定义上边框的宽度为 2px，左、右边框的宽度为 3px，下边框的宽度为 4px*/
border-width:2px 3px 4px;
/*定义上边框的宽度 2px，右边框的宽度为 3px，下边框的宽度为 4px，左边框的宽度为 5px*/
border-width:2px 3px 4px 5px;
```

注意：在定义边框宽度时，必须定义边框的显示样式。由于默认的边框样式为 none，因此如果仅设置边框宽度，而边框样式不存在，则边框宽度也会自动被清除为 0。

2）设置 border-style（边框样式）

border-style 属性的取值比较多，如表 4.2.2-1 所示。

表 4.2.2-1　border-style 属性的取值

属 性 值	描　　述
none	默认值，定义无边框，不受任何指定的 border-width 属性值的影响
hidden	定义隐藏边框，IE 浏览器不支持
dotted	定义边框为点线
dashed	定义边框为虚线
solid	定义边框为实线
double	定义边框为双线边框，两条线及其间隔宽度之和等于指定的 border-width 属性值
groove	根据 border-color 属性值定义 3D 凹槽
ridge	根据 border-color 属性值定义 3D 凸槽
inset	根据 border-color 属性值定义 3D 凹边
outset	根据 border-color 属性值定义 3D 凸边

3）设置 border-color（边框颜色）

定义边框颜色可以使用颜色名、RGB 颜色值或十六进制颜色值。border-color 属性的默认值为黑色。

border 是一个复合属性，可以把 3 个子属性结合写在一起。具体语法格式如下：

```
border:border-width || border-style || border-color
```

注意：如果想要将 3 个子属性结合写在一起，则必须严格注意顺序。如果希望单独为各边定义边框样式，则可以使用 border-top、border-right、border-bottom 和 border-left 属性分别进行定义。

示例代码如下：

```
<style type="text/css">
.p1{
  border-color:red;
  border-style:dashed;
  border-width:3px;
  }
.p2{
  border:5px dotted #009;
  }
.p3{
  border-color:red;
  border-style:groove;
  border-width:3px 8px;
  }
.p4{
  border-bottom-color:#60F;
  border-left-color:#F00;
  border-top-color:#C00;
  border-bottom-style:dashed;
  border-left-style:dotted;
  border-right-style:solid;
  border-width:3px 6px 8px 10px;
  }
</style>
<body>
  <p class="p1">边框样式设置</p>
```

```
    <p class="p2">边框样式设置</p>
    <p class="p3">边框样式设置</p>
    <p class="p4">边框样式设置</p>
</body>
```

在浏览器中展示边框设置的效果，如图 4.2.2-1 所示。

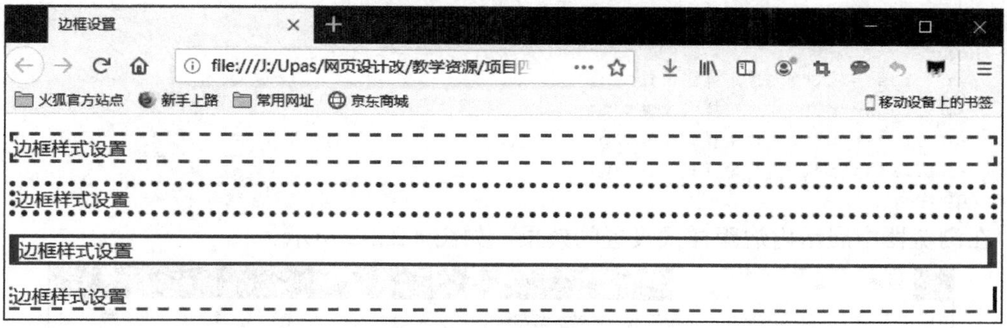

图 4.2.2-1　边框设置的效果

2．内边距（padding）

内边距（padding）属性用来定义元素包含的内容与元素边框之间的距离。从功能上来讲，内边距不会影响元素的大小，但是由于在布局中内边距同样占据空间，因此在布局时应考虑内边距对布局的影响。如果在没有明确定义元素的宽度和高度的情况下，使用内边距来调整元素内容的显示位置要比使用边界更加安全、可靠。

具体语法格式如下：

```
padding: 上、下、左、右内边距;
padding: 上、下内边距 左、右内边距;
padding: 上内边距 左、右内边距 下内边距;
padding: 上内边距 右内边距 下内边距 左内边距;
```

具体实现代码如下：

```
padding: 3px;                /*定义上、下、左、右内边距都是3px*/
padding: 3px 5px;            /*定义上、下内边距是3px，左、右内边距是5px*/
padding: 3px 5px 10px;       /*定义上内边距是3px，左、右内边距是5px，下内边距是10px*/
/*定义上内边距是3px，右内边距是5px，下内边距为10px，左内边距为15px*/
padding: 3px 5px 10px 15px;
```

padding 属性与 border 属性相同，也可以利用 padding-top、padding-right、padding-bottom 和 padding-left 属性来分别定义四边的内边距。

示例代码如下：

```
<style type="text/css">
.p1{
  border:5px dashed #009;
  padding:10px;
  }
.p2{
  border:5px dotted #009;
  padding:5px 15px;
  }
.p3{
  border:10px double #0000CC;
  padding:5px 10px 15px;
```

```
  }
.p4{
  border:15px ridge #339 ;
  padding-left:5px;
  padding-right:10px;
  padding-top:15px;
  padding-bottom:20px;
  }
</style>
<body>
  <p class="p1">内边距样式设置</p>
  <p class="p2">内边距样式设置</p>
  <p class="p3">内边距样式设置</p>
  <p class="p4">内边距样式设置</p>
</body>
```

在浏览器中展示内边距样式设置的效果，如图4.2.2-2所示。

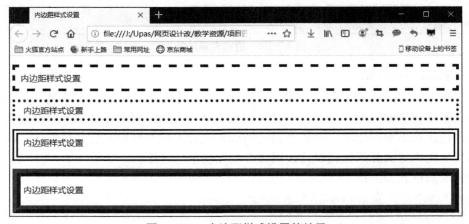

图 4.2.2-2　内边距样式设置的效果

3．外边距（margin）

1）外边距设置

外边距（margin）属性用于设置页面内元素与元素之间的距离。设置外边距会在元素之间创建"空白"，这段空白通常不能放置其他内容。如果四边的边界相同，则可以直接使用margin属性定义，为margin属性设置一个值即可。

定义格式如下：

```
margin:上下左右外边距
margin:上下外边距 左右外边距
margin:上外边距 左右外边距 下外边距
margin:上外边距 右外边距 下外边距 左外边距
```

具体实现代码如下：

```
margin: 3px;                    /*定义上、下、左、右外边距都是3px*/
margin: 3px 5px;                /*定义上、下外边距是3px，左、右外边距是5px*/
margin: 3px 5px 10px;           /*定义上外边距是3px，左、右外边距是5px，下外边距是10px*/
/*定义上外边距是3px，右外边距是5px，下外边距是10px，左外边距是15px*/
margin: 3px 5px 10px 15px;
```

如果某条边不需要定义外边距，则可以使用 auto（自动）关键字进行代替，但是必须设置一个值。例如，如果左外边距不需要定义，则可以将代码改写如下：

```
margin: 3px 5px 10px auto; /*定义上外边距是 3px，右外边距是 5px，下外边距是 10px*/
```

margin 属性与 padding 和 border 属性相同，也可以利用 margin-top、margin-right、margin-bottom 和 margin-left 属性来分别定义四边的外边距。

示例代码如下：

```
<style type="text/css">
p{
  border:5px solid #009;
  padding:10px;
  }
.p1{
  margin:5px;
  }
.p2{
  margin:20px 25px;
  }
.p3{
  margin:50px 10px auto 15px ;
  }
.p4{
  margin-left:50px;
  margin-right:10px;
  margin-top:25px;
  margin-bottom:20px;
  }
</style>
<body>
    <p class="p1">外边距样式设置</p>
    <p class="p2">外边距样式设置</p>
    <p class="p3">外边距样式设置</p>
    <p class="p4">外边距样式设置</p>
</body>
```

在浏览器中展示外边距样式设置的效果，如图 4.2.2-3 所示。

图 4.2.2-3　外边距样式设置的效果

2）外边距合并

① 相邻块元素垂直外边距的合并。当上、下相邻的两个块元素相遇时，如果上面的元素有下外边距 margin-bottom，下面的元素有上外边距 margin-top，则它们之间的垂直间距

不是 margin-bottom 与 margin-top 属性值之和，而是两者中值较大者。这种现象被称为相邻块元素垂直外边距的合并（也被称为外边距塌陷）。如图 4.2.2-4 所示的内容区域 1 的 margin-bottom 属性值被设置为 20px，内容区域 2 的 margin-top 属性值被设置为 10px，则内容区域1和内容区域2之间的垂直间距不是 margin-bottom 与 margin-top 属性值之和 30px，而是两者中值较大者 20px。

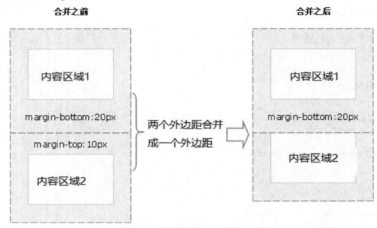

图 4.2.2-4　相邻块元素垂直外边距的合并

② 嵌套块元素垂直外边距的合并。两个有嵌套关系的块元素，父元素的上外边距会与子元素的上外边距发生合并，合并后的外边距为两者中值较大者。合并示意图如图 4.2.2-5 所示。

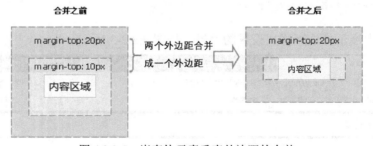

图 4.2.2-5　嵌套块元素垂直外边距的合并

4．清除元素的默认内边距和外边距

在制作网页时，为了更方便地控制网页中的元素，可以使用如下代码清除元素的默认内边距和外边距：

```
*{
padding:0;          /*清除内边距*/
margin:0;           /*清除外边距*/
}
```

4.2.3　div

div 是层叠样式表中的定位技术，全称是 division/section。<div>标签可以把网页文档分

割为独立的、不同的部分，以实现网页的规划和布局。<div>与</div>标签之间相当于一个
"盒子"，可以设置外边距、内边距、宽度和高度，同时内部可以容纳段落、标题、表格、
图像等各种网页元素。也就是说，大多数 HTML 标签都可以嵌套在<div>标签中，并且在
<div>标签中还可以嵌套多层<div>标签。<div>标签非常强大，通过与 id、class 等属性配合
设置 CSS 样式，可以替代大多数的块级文本标签。示例代码如下：

```
<style type="text/css">
div{
    border:1px #333 solid;
    margin:5px;
}
#first,#second,#third{
    width:400px;
    height:120px;
}
#four,#five{
    width:390px;
    height:50px;
}
</style>
<body>
 <div id="first">第 1 块 div</div>
 <div id="second">
   <p>第 2 块 div</p>
 </div>
 <div id="third">
    <div id="four">第 3 块 div</div>
    <div id="five">第 4 块 div</div>
 </div>
</body>
```

在浏览器中展示 div 示例的效果，如图 4.2.3-1 所示。

图 4.2.3-1　div 示例的效果

在上述代码中，定义了五对<div>标签，其中，第二对<div>标签中嵌套了段落标签<p>，
第三对<div>标签中嵌套了两对<div>标签。

4.2.4 浮动与定位

在默认情况下，网页中的元素会按照从上到下或从左到右的顺序一一罗列，但是如果按照这种默认的方式进行排版，则网页将会显得单调、混乱。为了使网页的排版更加丰富、合理，在 CSS 中可以对元素设置浮动和定位样式。

1. 元素的浮动

浮动属性作为 CSS 中的重要属性，在网页布局中具有相当重要的作用。在 CSS 中，通过 float 属性来定义浮动。所谓元素的浮动，是指设置了浮动属性的元素会脱离标准文档流的控制，移动到其父元素中指定位置的过程，其语法格式如下：

```
选择器{float:属性值;}
```

在上面的语法中，常用的 float 属性值有 left（元素向左浮动）、right（元素向右浮动）和 none（元素不浮动）3 个。示例代码如下：

```
<style>
    *{
    margin:0;
    margin-top:10px;
    margin-left:10px;
    }
    .box{
    height:300px;
    width:90%;
    border:1px solid #00f;
    }
    .box div{
    text-align:center;
    border:1px solid #00f;
    height:80px;
    }
    .box1{
    width:20%;
    }
    .box2{
    width:30%;
    }
    box3{
    width:20%;
    }
</style>
<body>
    <div class="box">
     <div class="box1">box1</div>
     <div class="box2">box2</div>
     <div class="box3">box3</div>
    </div>
</body>
```

在浏览器中展示未添加浮动样式的示例的效果如图 4.2.4-1 所示。在.box1 中添加浮动样式 float:left，代码运行后的效果如图 4.2.4-2 所示；继续在.box2 中添加浮动样式 float:left，代码运行后的效果如图 4.2.4-3 所示；继续在.box3 中添加浮动样式 float:left，代码运行后的效果如图 4.2.4-4 所示；保持以上.box1 和.box2 的浮动属性为 float:left，同时将.box3 中的浮动样式修改为 float:right，代码运行后的效果如图 4.2.4-5 所示。

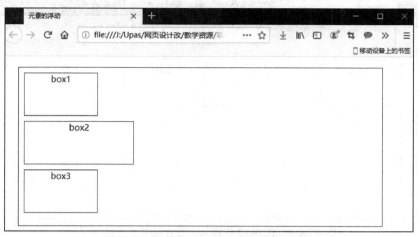

图 4.2.4-1　未添加浮动样式的示例的效果

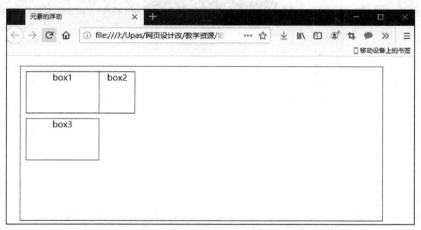

图 4.2.4-2　在 .box1 中添加向左浮动样式后的效果

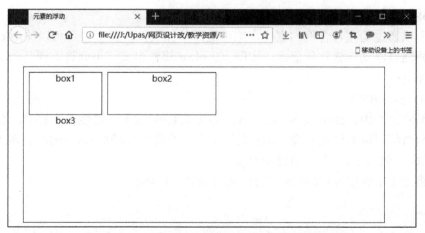

图 4.2.4-3　在 .box2 中添加向左浮动样式后的效果

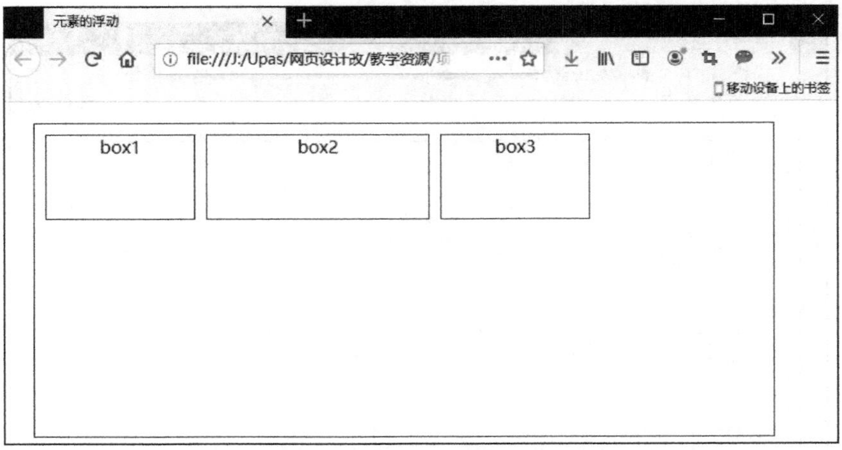

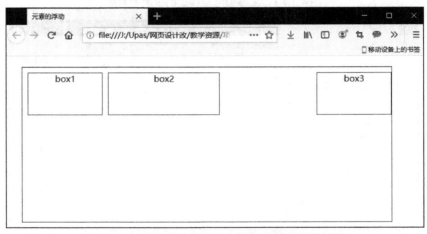

图 4.2.4-4　在.box3 中添加向左浮动样式后的效果

图 4.2.4-5　在.box3 中添加向右浮动样式后的效果

2．清除浮动

除了可以通过调整包含框的宽度，来强迫浮动元素换行显示，还可以使用 clear 属性，该属性能够强迫浮动元素换行显示。实际上，clear 属性定义了不允许有浮动对象的边。其语法格式如下：

```
选择器{clear:属性值;}
```

在上面的语法中，clear 有 none、left、right 和 both 这 4 个属性值，其中，默认值 none 表示允许两边都可以有浮动对象，left 表示不允许左边有浮动对象，right 表示不允许右边有浮动对象，both 表示不允许有浮动对象。

如果将上述示例中.box2 中添加的样式改成如下代码：

```
.box2{
   width:30%;
   float:left;
   clear:left;
   }
.box3{
   width:20%;
```

```
float:left;
}
```

则代码运行后的效果如图 4.2.4-6 所示。

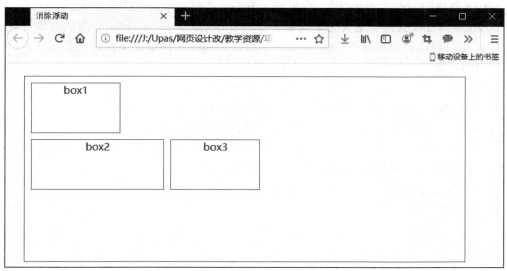

图 4.2.4-6　在.box2 中清除浮动样式后的效果

3．元素的定位

通过元素的浮动能很灵活地实现元素布局，但是却无法对元素的位置进行精确的控制。元素的定位就是将元素放置在页面的指定位置。在 CSS 中，position 属性用于定义元素的定位模式，其语法格式如下：

```
选择器{position:属性值;}
```

在上面的语法中，position 的属性值有 static（静态定位）、relative（相对定位）、absolute（绝对定位）及 fixed（固定定位）。

1）静态定位

静态定位是元素的默认定位方式，当 position 属性的取值为 static 时，可以将元素定位于静态位置。所谓静态位置，就是指各个元素在 HTML 文档中默认的位置。任何元素在默认状态下都会以静态定位来确定自己的位置，所以当没有定义 position 属性时，并不说明该元素没有自己的位置，它会遵循默认值显示为静态位置。在静态定位状态下，无法通过边偏移属性（top、bottom、left 或 right）来改变元素的位置。

2）相对定位

相对定位是指相对于元素自身在文档中所处的位置来进行定位，当 position 属性的取值为 relative 时，可以将元素的定位模式设置为相对定位。当对元素设置相对定位后，可以通过边偏移属性来改变元素的位置。

3）绝对定位

绝对定位是指元素依据最近的已经定位的父元素进行定位，若所有父元素都没有定位，则依据 body 根元素进行定位。当 position 属性的取值为 absolute 时，可以将元素的定位模式设置为绝对定位。

4）固定定位

固定定位是绝对定位的一种特殊形式，它以浏览器窗口作为参照物来定义网页元素。当 position 属性的取值为 fixed 时，即可将元素的定位模式设置为固定定位。

position 属性仅仅用于定义元素以哪种方式进行定位，并不能确定元素的具体位置。在CSS 中，可以通过边偏移属性 top、bottom、left 或 right 来精确定义定位元素的位置。

① top：设置对象与其最近一个定位包含框顶部相关的位置。

② right：设置对象与其最近一个定位包含框右侧相关的位置。

③ bottom：设置对象与其最近一个定位包含框底部相关的位置。

④ left：设置对象与其最近一个定位包含框左侧相关的位置。

这 4 个边偏移属性的取值可以是长度值，也可以是百分比值，取值可以为正，也可以为负。当取负值时，向相反方向偏移，默认值都为 auto。

下面是没有添加定位样式的示例代码：

```
<style type="text/css">
 .div1{
  height:100px;
  width:100px;
  border:solid 10px red;
  background-color:yellow;
 }
 .div2{
  height:100px;
  width:100px;
  border:solid 10px blue;
  background-color:yellow;
 }
</style>
<body>
  <div class="div1"></div>
  <div class="div2"></div>
</body>
```

代码运行后的效果如图 4.2.4-7 所示。

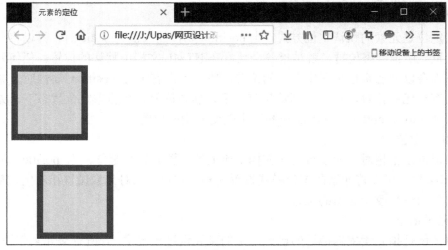

图 4.2.4-7　没有添加定位样式的效果

如果在第二个盒子的样式设置代码中添加定义相对定位模式的代码，示例代码如下：

```
.div2{
  height:100px;
  width:100px;
  border:solid 10px blue;
  background-color:yellow;
  position:relative;
  top:40px;
  left:40px;
}
```

则代码运行后的效果如图 4.2.4-8 所示。

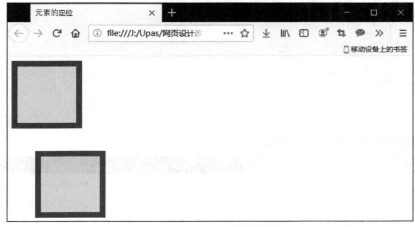

图 4.2.4-8　相对定位模式的效果

如果将第二个盒子样式设置代码中的相对定位模式改成绝对定位模式，示例代码如下：

```
.div2{
  height:100px;
  width:100px;
  border:solid 10px blue;
  background-color:yellow;
  position:absolute;
  top:40px;
  left:40px;
}
```

则代码运行后的效果如图 4.2.4-9 所示。

图 4.2.4-9　绝对定位模式的效果

4．层叠顺序设置

无论是相对定位、固定定位，还是绝对定位，只要定位坐标相同就会存在定位元素重叠现象。在默认情况下，相同类型的定位元素，排列在后面的定位元素会覆盖前面的定位元素，也就是会出现如图 4.2.4-9 所示的效果。如果想让被覆盖的定位元素不被其他元素覆盖，则使用 CSS 中的 z-index 属性可以改变定位元素的覆盖顺序。z-index 属性的取值为整数，数值越大，定位元素会显示在越上面。

如果将前文代码中.div1 的样式设置改为与.div2 相同的绝对定位模式，同时增加 z-index 属性，则具体代码如下：

```
.div1{
  height:100px;
  width:100px;
  border:solid 10px red;
  background-color:yellow;
  position:absolute;
  z-index:5;
}
```

代码运行后的效果如图 4.2.4-10 所示。

图 4.2.4-10　层叠顺序设置完成后的效果

4.2.5　div+CSS 实现网页布局

应用 div+CSS 可以实现不同结构的网页布局排版。div+CSS 布局十分简单，而且相对容易操作。首先在页面整体上使用 div 布局划分内容区域，然后使用 CSS 进行样式定义，最后向相应的区域中添加内容。

1．div+CSS 实现单列布局

单列布局的代码如下：

```
<style>
    body{
        margin:0;
    }
    .box{
        width:960px;
        margin:0 auto;
    }
    .box .header{
        height:120px;
```

```
            border:1px solid #f00;
            line-height:120px;
        }
        .box .main{
            height:300px;
            border:1px solid #0f0;
            line-height:300px;
        }
        .box .footer{
            height:100px;
            border:1px solid #00f;
            line-height:100px;
        }
        div{
            text-align:center;
        }
</style>
<body>
    <div class="box">
        <div class="header">头部</div>
        <div class="main">主题</div>
        <div class="footer">底部</div>
    </div>
</body>
```

在浏览器中展示单列布局的效果，如图 4.2.5-1 所示。

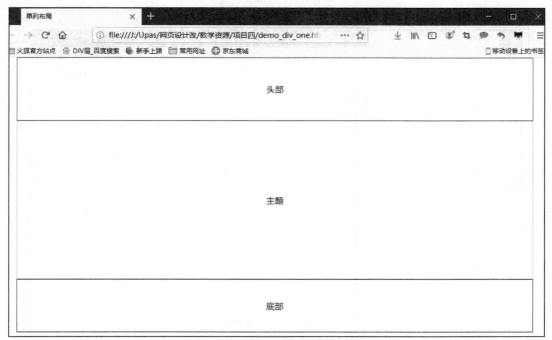

图 4.2.5-1　单列布局的效果

2．div+CSS 实现双列布局

双列布局的代码如下：

```
<style>
    body{
```

```
        margin:0;
        }
        .box{
            width:80%;
            margin:10px auto;
            overflow:hidden;
        }
        .box .left{
            border:1px solid #C00f;
            width:30%;
            height:400px;
            float:left;
        }
        .box .right{
            border:1px solid #60C;
            width:69%;
            height:400px;
            float:left;
        }
</style>
<body>
        <div class="box">
            <div class="left">左</div>
            <div class="right">右</div>
        </div>
</body>
```

在浏览器中展示双列布局的效果，如图 4.2.5-2 所示。

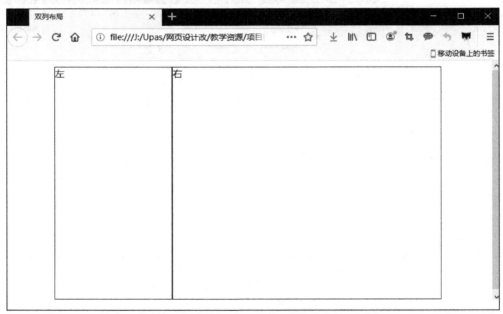

图 4.2.5-2　双列布局的效果

3. div+CSS 实现三列布局

三列布局的代码如下：

```
<style>
    body{
```

```
        margin:0;
    }
    .box{
        width:960px;
        margin:0 auto;
        position:relative;

    }
    .box .left{
        width:200px;
        height:400px;
        position:absolute;
        border:1px solid #C00f;
    }
    .box .center{
        height:400px;
        margin:0 300px 0 200px;
        border:1px solid #C00f;
    }
    .box .right{
        width:300px;
        height:400px;
        border:1px solid #C00f;
        position:absolute;
        right:0;
        top:0;
    }
</style>
<body>
    <div class="box">
        <div class="left">左</div>
        <div class="center">中</div>
        <div class="right">右</div>
    </div>
</body>
```

在浏览器中展示三列布局的效果，如图 4.2.5-3 所示。

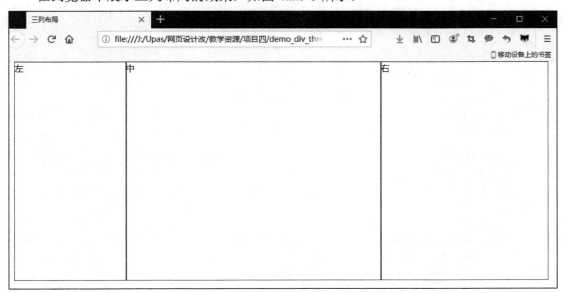

图 4.2.5-3　三列布局的效果

4. div+CSS 实现混合布局

混合布局的代码如下：

```
<style>
  body{
      margin:0;
  }
  .box{
      width:960px;
      margin:0 auto;
  }
  .header{
      height:120px;
      border:1px solid  #C3F;
  }
  .main{
      height:400px;
      position:relative;
      border:1px solid #C00f;
  }
  .main .left{
      width:200px;
      height:400px;
      position:absolute;
      border:1px solid #C00f;
      left:0;
      top:0;
  }
  .main .center{
      height:400px;
      margin:0 305px 0 205px;
      border:1px solid #C00f;
  }
  .main .right{
      width:300px;
      height:400px;
      position:absolute;
      right:0;
      top:0;
      border:1px solid #C00f;
  }
  .footer{
      height:80px;
      border:1px solid #C00f;
  }
</style>
<body>
   <div class="box">
      <div class="header">上</div>
      <div class="main">
         <div class="left">左</div>
         <div class="center">中</div>
         <div class="right">右</div>
      </div>
```

```
        <div class="footer">下</div>
    </div>
</body>
```

在浏览器中展示混合布局的效果，如图 4.2.5-4 所示。

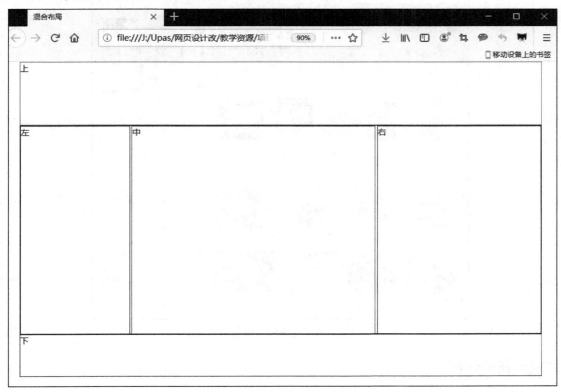

图 4.2.5-4　混合布局的效果

4.3　重庆愉快网学做菜首页页面设计与制作任务实施

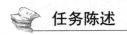 **任务陈述**

本任务的主要内容是使用 div+CSS 布局来设计与制作重庆愉快网学做菜首页页面，涉及的基础知识主要包括以下几点：创建 div 的方法；通过 CSS 样式来控制 div 的位置、尺寸大小、颜色等属性；通过 div+CSS 布局来完成重庆愉快网学做菜首页页面内的网页元素的添加；设置具体表达样式的方法。重庆愉快网学做菜首页页面如图 4.3-1 所示。

接下来，我们需要探讨一下整个页面的布局。整个页面的布局分为 Logo 部分、导航部分、Banner 部分、内容部分及页脚部分。整个页面的内容部分比较复杂，分为 content 与 sidebar 部分。页面整体以表格进行布局，表格根据功能与内容的区分把页面划分为若干个单元格，然后填充内容，实现网页的布局。

图 4.3-1　重庆愉快网学做菜首页页面

任务分析

在前文任务陈述中，我们大体地了解了这个任务的性质与所要注意的知识点，可以得出对重庆愉快网学做菜首页页面的一个具体分析。

（1）**网站主题**：电子商务网站——重庆愉快网学做菜首页页面。

（2）**网页结构**：上—左右—下。

（3）**色彩分析**：本案例以白色为主，辅以红色、橙黄色和灰色。跳跃的红色充满活力，富有激情和现代节奏，突出商业功能和产品销售；橙黄色是一种能勾起人们食欲的颜色；而灰色则起到调和的作用。

（4）**网站特点**：本案例主要设计与制作重庆愉快网学做菜首页页面中的各个板块，从而使浏览者可以在网站中订餐、咨询搜索、交流美食等。

（5）**设计思想**：要突出本页面的表格功能和条理性，让浏览者清晰地了解网站的服务，使用户可以享受美食。

任务规划

在分析完重庆愉快网学做菜首页页面后，可以确定几个实施的关键任务，然后结合绘制重庆愉快网学做菜首页页面线框结构图的分析理解，可以很直观地了解到设计与制作重庆愉快网学做菜首页页面的流程的任务划分。

（1）新建站点，使所有文件和图片等元素保证正确的链接路径。

（2）插入 div，并通过 CSS 样式来控制具体样式，完成页面的整体布局。

（3）添加图片和文字等网页元素，并通过 CSS 样式来控制具体样式，设计与制作完成整个重庆愉快网学做菜首页页面。

重庆愉快网学做菜首页页面线框结构图如图 4.3-2 所示。

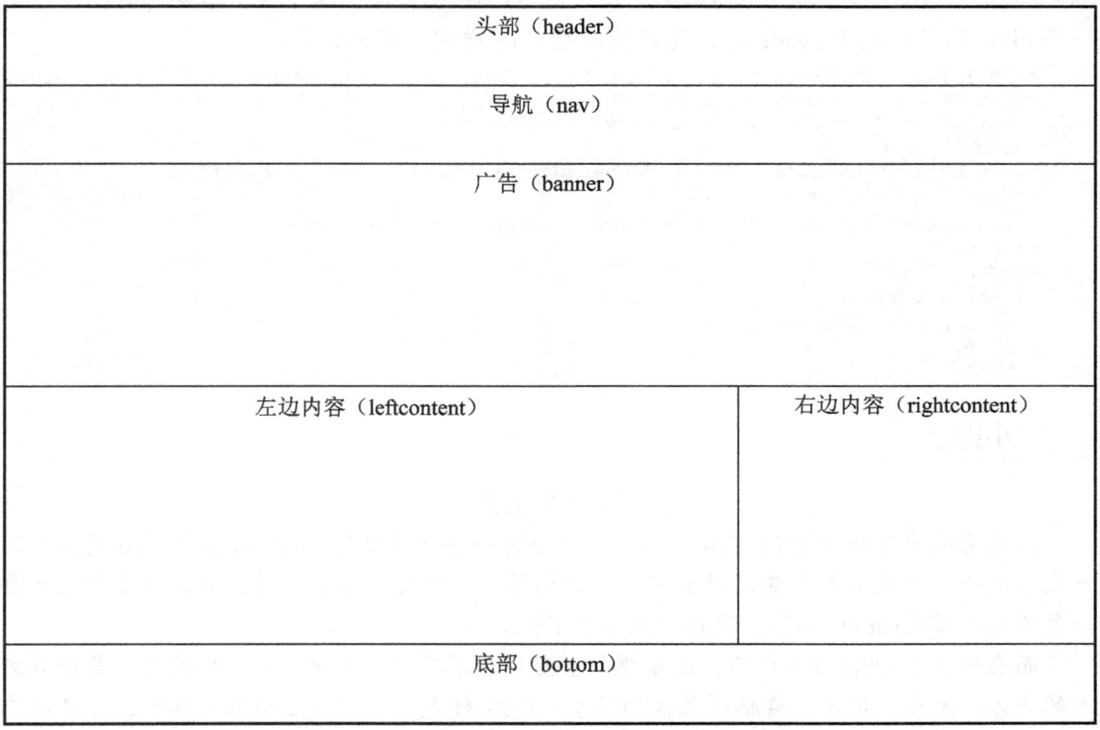

头部（header）	
导航（nav）	
广告（banner）	
左边内容（leftcontent）	右边内容（rightcontent）
底部（bottom）	

图 4.3-2　重庆愉快网学做菜首页页面线框结构图

任务 1：创建重庆愉快网学做菜首页 header 部分

步骤一：新建重庆愉快网学做菜首页内容页面站点

请参照学习项目 5 中的内容，这里不再赘述。

步骤二：插入 div

通过前文的分析，我们了解了整个重庆愉快网学做菜首页的页面布局是一个头部导航和底部版权固定、中间内容左右分布的结构。针对这一结构布局，可以采用 div 来完成设计。

在设计与制作时，在插入栏中单击"布局"选项卡中的"标准"按钮，将工具栏切换为布局标准形式，如图 4.3-3 所示。然后单击 图标，确定完成制作 div 布局。

图 4.3-3　布局标准形式

步骤三：创建 CSS 样式类型

设置一个外部链接样式，在站点中建立 HTML 文档与 CSS 样式文件，分别保存为 index.html 和 style.css，并将 CSS 样式链接到 HTML 文档中。接下来，从头部开始，设定一个 div，将其命名为 header，以便对其设置 CSS 样式，代码如下：

```
<!DOCTYPE html PUBLIC "-//W3C//DTD XHTML 1.0 Transitional//EN" "http://www.w3.org/
TR/xhtml1/DTD/xhtml1-transitional.dtd">
<html xmlns="http://www.w3.org/1999/xhtml">
<head>
<meta http-equiv="Content-Type" content="text/html; charset=utf-8" />
<title>无标题文档</title>
<link href="stylesheet" rel="css/public.css" type="text/css" />
</head>
<body>
<!--header 部分-->
<div class="header"></div>
</body>
</html>
```

🖥 **小贴士**

CSS 的优势

如果页面中不使用 CSS 样式，那么可以通过一个很简单的<font>标签的 size 属性来调节文本大小。但是如果想要设置不同区域的相同文字的大小都不一样，那么设计者就需要重复不断的修改<font>标签，这将带来诸多不便。

而在使用了 CSS 样式以后，这些操作就变得非常轻松、便捷。定义样式指的是合并文本的字体、大小、颜色、空格等属性的信息。CSS 样式不仅可以运用在文本中，还可以应用在文档中的所有元素中，如显示表框或改变滚动条形状等操作。

步骤四：制作 header 部分

header 部分的内容包括头部导航、Logo、搜索条、功能链接和电话号码等。分析各个部分需要的样式及标签的组成。

头部导航信息由文字组成。我们首先使用一个 div 来布局，然后使用<ul>标签来制作导航部分。效果如图 4.3-4 所示。

首页　订餐厅　订宴席　订外卖　找优惠　找美食　学做菜　美食资讯　　　登录　快速注册　我的订单　会员中心 ▼ ｜ 商户中心　📱手机客户端　更多频道 ▼

图 4.3-4　头部导航信息效果

由于导航内容分为左右两边，因此我们使用两个<ul>标签来制作导航部分。

首先，新建一个 div，使用 class 属性，并将其命名为 yk-header-wrap，以作为包裹整个 header 部分的容器。代码如下：

```
<div class="yk-header-wrap"> </div>
```

然后，进行头部导航的制作。同样新建一个 div，并将其命名为 yk-header-top，且头部导航包含于 yk-header-wrap 层中。每个层的命名都要相关联，这样可以使整个程序代码看起来简洁明了。在编写代码时，对于层与层之间的包含关系思路一定要清晰。代码如下：

```
<div class="yk-header-wrap"> <div class="yk-header-top"></div></div>
```

大框架搭建好，然后利用<ul>标签搭建内部结构。在构建内部结构之前，我们需要了解<ul>标签是什么。

<ul>标签用于标识无序列表，它是成对出现的，以<ul>标签开始，</ul>标签结束，而每一列使用<li>标签进行定义。

<ul>标签的语法格式如下：

```
<ul>
    <li>无序列表</li>
    <li>无序列表</li>
    <li>无序列表</li>
    …
</ul>
```

根据上述语法，显示为每一列的内容使用一个圆点作为开头，如图 4.3-5 所示。

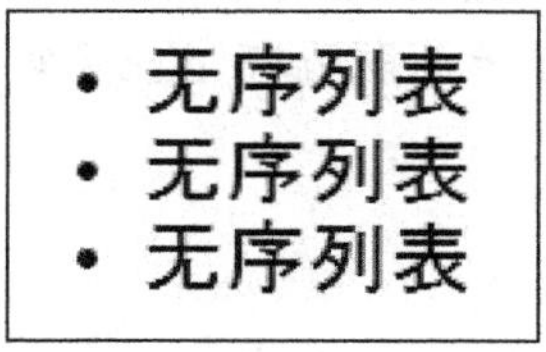

图 4.3-5　无序列表

那么，现在需要搭建导航部分。因为导航内容分为左右两边，所以需要两个<ul>标签，并且左右两边分别命名为<ul class="fl clearfix">和<ul class="fr clearfix">。在左边导航部分的<ul></ul>标签中包含着 8 个<li></li>标签，而每个<li></li>标签中依次包含"首页""订餐厅""订宴席""订外卖""找优惠""找美食""学做菜""美食资讯"等文字内容。

在右边导航部分的<ul></ul>标签中包含着 7 个<li></li>标签，而每个<li></li>标签中分别包含"登录""快速注册""我的订单""会员中心""商户中心""手机客户端""更多频道"等文字内容。根据效果图，右边导航部分每个文字的背景样式都不一样，为了方便设置 CSS 样式，按照功能将它们分别命名为 top-user-login、top-user-register、my-order、nav-menu-wrap 和 yk-header-nav-split。

导航部分左右两边的<ul></ul>标签都包含在 yk-header-top 层中。

代码如下：

```
<div class="yk-header-wrap">
<div class="yk-header-top">
    <ul class="fl clearfix">
    <li>首页</li>
    <li>订餐厅</li>
    <li>订宴席</li>
    <li>订外卖</li>
    <li>找优惠</li>
    <li>找美食</li>
    <li>学做菜</li>
```

```
        <li>美食资讯</li>
        </ul>
        <ul class="fr clearfix">
        <li id="top-user-login">登录</li>
        <li id="top-user-register">快速注册</li>
        <li id="my-order">我的订单</li>
        <li class="nav-menu-wrap">会员中心</li>
        <li class="yk-header-nav-split">商户中心</li>
        <li class="yk-header-nav-split">手机客户端</li>
        <li class="nav-menu-wrap">更多频道</li>
        </ul>
    </div>
</div>
```

🖥 小贴士

无序列表说明

无序列表的默认符号是圆点。<ul>标签有 type 属性，通过定义不同的 type 属性可以改变列表的项目符号。目前，type 属性的取值有 disc（实心圆）、circle（空心圆）和 square（方块）。

步骤五：设置 CSS 样式效果

接下来，需要根据 div 及标签设定的 id 或 class 名称，使用 CSS 样式来修饰网页。

通常在设置网页的 CSS 样式时，首先都会对 body 部分（也就是页面显示部分）设置统一的样式来避免样式的重复设置，同时会对常用的标签设置清除本身样式，这是为了防止标签在不同的浏览器中出现不同的显示状态。

在设置样式之前，添加一个类似/*内容*/的注释来说明某部分样式是针对某部分内容所设定的，这样能让整个样式看起来简洁明了，同时起到了规范作用。有时也会在每个样式后面加上/*内容*/来说明这个样式的作用。

标签项目的 CSS 样式代码如下：

```
/*body 公共样式*/
/*设定整个网页的样式*/
body{text-align:center; font-family:"宋体", Arial;margin:0; padding:0; font-size:
12px;} /*字体水平方向居中对齐，字体设为宋体、Arial，将 padding 和 margin 属性值设置为 0（因为在不同
的浏览器中，padding 与 margin 属性的默认值不同，所以先将它们的值清除），字体大小为 12px*/
div,form,img,ul,ol,li,dl,dt,dd{margin:0; padding:0; border:0;}
/*清除各种标签的 margin 和 padding 属性值，以及边框的值，理由同上*/
h1,h2,h3,h4,h5,h6{margin:0; padding:0;}
table,td,tr,th{font-size:12px;} /*设置表格的字体大小为 12px*/
ol,ul,li{list-style:none;}/*清除列表的样式*/
/*header 部分样式*/
.yk-header-wrap{margin:0 auto;/*让 div 在浏览器中居中*/ width:1200px;/*设置层的宽度*/}
.yk-header-top{height:25px; background:#CCC;}/*高度为 25px，背景颜色为灰色*/
.fl{float:left;}/*左浮动*/
.fr{float:right;}/*右浮动*/
.clearfix:after {content:".";display:block;height:0; clear:both; visibility:hidden;}
.clearfix:after{height:1%;}/*:after 是选择器，伪元素之一，用于在指定元素如 clearfix 后面添
```

```
加内容，clearfix:after 是清除盒子内部元素的浮动，IE6/7 不支持*/
.yk-header-top li{float:left;}/*设置各列表左浮动*/
```

Logo 部分使用直接插入超链接的图片或<p>标签来布局，搜索条属于 form 表单，功能链接属于 ul 无序列表样式，末端的功能可以使用<p>标签制作。接下来，使用 Photoshop 切片工具获取头部需要的内容（读者可自学 Photoshop 内容），并将切出来的图片存入站点内的 images 文件夹中，如图 4.3-6 所示。

图 4.3-6　愉快网 Logo 图片

然后进行制作代码的编写。在输入代码前，添加一个类似<!--内容-->的注释来说明某区域的内容，这样能让整个样式看起来简洁明了，同时起到了规范作用。有时也会在每个标签后面加上<!--内容-->来解释说明这个标签。

头部使用一个被命名为 header 的 div 构建，代码如下：

```
<!--header 部分-->
<div id="header">
<a href="#"><img src="images/logo.gif" /></a><!--Logo 部分使用插入图片来设置超链接-->
<p><a href="#"><img src="images/banle1.gif" /></a></p><!--图片的链接位置-->
<input name="name" type="text" class="text" value="请输入商家名称、地址等" />
<input type="submit" value="" class="submit" /></div>
/*在 div 布局好后，开始设置内容的 CSS 样式，用来修饰网页*/
#header{position:relative;/*设置父层为相对定位*/
        width:1100px;
        height:64px;
        background:url(../images/phone.gif)no-repeat  99%  50%;/*填充背景图片"电话"，
使背景图片不重复填充，设置背景图片 x 轴、y 轴的位置，将图片放到相应位置*/
        padding-top:20px; /*设置 header 的上填充，即 header 顶部到内容的距离*/
        padding-left:35px;/*设置 header 的左填充，即 header 左边到内容的距离*/}
#header p{margin:5px 0 0 40px; /*设置 p 选择器的位置*/}
#header input.text{position:absolute;/*设置子层为绝对定位*/
        left:238px;/*精确绝对定位层的位置*/
        color:#CCC;/*字体的颜色*/
        font-size:14px;/*字体的大小*/
        border:1px #666 solid;/*设置边框的大小、颜色、属性*/
        width:333px;
        height:33px;
        line-height:33px;/*设置行高与高度相同，使文字垂直方向居中对齐*/}
#header input.submit{display:block;
        position:absolute;
        left:590px;
        width:72px;
        height:33px;
        background:url(../images/button.gif);
        border:0;
        cursor:pointer;/*光标变成手形*/}
```

header 部分的最终效果如图 4.3-7 所示。

图 4.3-7　header 部分的最终效果

任务 2：设置导航（nav）部分的 CSS 样式

步骤一：制作导航（nav）部分

分析网站的导航部分，它由网站导航和功能导航组成。首先，建立一个名为 nav 的 div。然后，建立一个<ul>标签装入网站导航的内容和一个<p>标签装入功能导航的内容。最后，设置 CSS 样式来修饰网页。

HTML 源代码如下：

```
<div id=="nav">
<ul><li><a href="#">首 页</a></li>
<li class="shu"><a href="#">找吃喝</a></li>
<li class="shu"><a href="#">定宴席</a></li>
<li class="shu"><a href="#">送外卖</a></li>
<li class="shu"><a href="#">学做菜</a></li></ul>
<p><a href="#">最新优惠券</a>
<a href="#">团购会</a>
<a href="#">点评热榜</a>
<a href="#">重庆-非吃不可</a></p></div>
```

步骤二：设置导航（nav）部分的 CSS 样式

CSS 样式代码如下：

```
#nav{width:1100px;
    height:37px;
    background:url(../images/nav-bg.gif);/*如果导航的背景颜色为渐变，就让背景平铺*/}
#nav ul li{float:left;
        width:62px;
        line-height:37px;
        text-align:center;/*文字水平方向居中对齐*/}
/*设置导航的竖线为<li>标签的背景，并将其定位到相应位置*/
#nav ul li.shu{background:url(../images/shu.gif) no-repeat center left;}
```

设置链接样式的代码如下：

```
#nav ul li a{display: block;/*让此区域按块显示，这样才能设置链接物的宽度和高度*/
        font-family:"微软雅黑";/*设置链接后文字的字体*/
        font-size:14px;
        color:#FFF;}
/*当鼠标指针经过时，链接的颜色指定为当鼠标指针位于链接上时应用的颜色、背景图片等*/
#nav ul li a:hover{background:url(../images/nav-on-bg.gif);}
#nav p{width:300px;
        float:right;
        line-height:37px;}
#nav p a{font-family:"微软雅黑";/*设置链接后文字的字体*/
        color:#FFF;}
#nav p a:hover{color:#FFF;}
```

导航（nav）部分样式设置完成后的效果如图 4.3-8 所示。

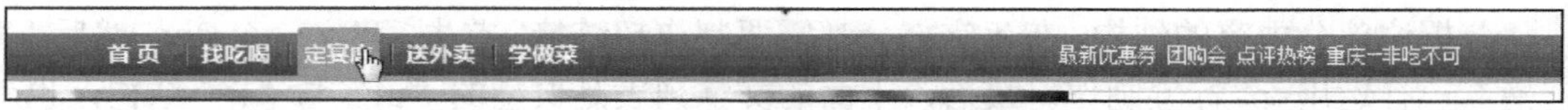

图 4.3-8　导航（nav）部分样式设置完成后的效果

🖥 小贴士

CSS 链接页面属性选项

"CSS 链接页面属性"类别用于定义默认的字体、字体大小，以及链接、访问过的链接和活动链接的颜色，多个属性的说明如下。

font-family：字体家族，用于指定链接文本使用的默认字体家族。在默认情况下，Dreamweaver 使用为整个页面指定的字体家族（除非用户指定了另一种字体）。

font-size：字体大小，用于指定链接文本使用的默认的字体大小。

color：链接颜色，用于指定应用于链接文本的颜色。

a:visited：已访问链接的颜色，用于指定应用于访问过的链接的颜色。

a:hover：鼠标指针经过时链接的颜色，用于指定当鼠标指针位于链接上时应用的颜色。

a:active：活动链接的颜色，用于指定当鼠标指针在链接上单击时应用的颜色。

text-decoration：下画线样式，用于指定应用于链接的下画线样式。

如果页面已经定义（如通过外部的 CSS 样式文件）了下画线链接样式，则在"下画线样式"弹出式菜单中默认为"不更改"选项。该选项用于警告用户下画线链接样式已经被定义的事实，当然用户也可能不想改变下画线链接样式。如果用户使用"页面属性"对话框修改了下画线链接样式，则 Dreamweaver 将会更改以前的下画线链接样式定义。

以上是基础的 CSS 样式，随着网页设计技术的发展，越来越多的效果出现在 CSS 样式中，如滤镜和渐变的效果。本节对 CSS 的扩展功能——CSS 滤镜进行详细介绍。

任务 3：设置文字部分的 CSS 样式

步骤一：制作文字板块栏目

在本任务中，我们将以页面中的"菜谱榜"栏目为例进行讲解，如图 4.3-9 所示。

图 4.3-9　"菜谱榜"栏目效果

分析这部分内容的结构，灰色字部分都需要制作超链接。首先，建立一个 div，然后"菜谱榜"一行运用<p>标签制作。最后，下面的文字列表是典型的"ul"与"li"结构，也就是无序列表。

HTML 源代码如下：

```
<div id="caipu">
    <p><a href="#"><strong>菜谱榜</strong></a> <a href="#">凉菜</a> <a href="#">炒菜</a>
<a href="#">面点</a> <a href="#">汤</a> <a href="#">蒸菜</a></p>
    <ul>
    <li><span>1</span><em>388 人赞</em><a href="#">[地方菜]歌乐山辣子鸡</a></li>
    <li><span>2</span><em>388 人赞</em><a href="#">[中餐]木森林火锅</a></li>
    <li><span>3</span><em>388 人赞</em><a href="#">[中餐]红烧蘑菇豆腐</a></li>
    <li class="shuzi"><span>4</span><em>388 人赞</em><a href="#">[中餐]鹌鹑蛋炖兔肉
</a></li>
        <li class="shuzi"><span>5</span><em>388 人赞</em><a href="#">[中餐]宫保鸡丁
</a></li>
        <li class="shuzi"><span>6</span><em>388 人赞</em><a href="#">[中餐]木瓜豌豆鸡丁
</a></li>
    </ul>
</div>
```

步骤二：设置文字板块栏目的 CSS 样式

在<li>标签中出现了<span>标签，即行内容器标签，而<em>标签则是强调标签。因为每个块的文字样式都不一样，所以需要一个容器将其装入，以便设置 CSS 样式。

CSS 样式代码如下：

```
#caipu{width:290px;}
#caipu p{font-size:12px;
        padding-top:18px;
        width:275px;
        margin:0 auto;
        height:22px;
        word-spacing:8px;/*规定段落中的字间距*/}
#caipu p a:hover{font-weight:bold;/*加粗字体*/
            color:#000;}
#caipu ul{margin-top:10px;/*列表与段落之间的距离*/}
#caipu ul li{font-weight:bold;
        margin-left:20px;
        line-height:35px;
        background:url(../images/shuzi-01.gif no-repeat 0% 60%;)}
/*设置数字的背景，直接设置定位为<li>标签的背景*/
#caipu ul li.shuzi{background:url(../images/shuzi-02.gif) no-repeat 0% 60%;}
#caipu ul li span{color:#FFF;
            margin-left:6px;
            _margin-left:3px;/*针对 IE 浏览器浮动加倍*/
            display:block;
            float:left;
            font-size:16px;
            font-weight:bold;}
#caipu ul li a{margin-left:25px;}
#caipu ul li a:hover{color:#333;
            font-weight:bold;}
#caipu ul li em{color:#999;
        float:right;
        font-style:normal;
        margin-right:20px;}
```

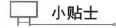 小贴士

列表标签

网页中有两种列表形式，分别是 ul: unordered lists 和 ol: ordered lists。而两种类型的列表都包含 li: lists。

（1）<ol>标签用于标识有序列表，表现为<li>标签中的内容前面是序号 1、2、3……
语法格式如下：

```
<ol>
   <li>…</li>
   <li>…</li>
   <li>…</li>
</ol>
```

表现如下：

```
1…
2…
3…
```

（2）<ul>标签用于标识无序列表，表现为<li>标签中的内容前面是大圆点而不是序号 1、2、3…
语法格式如下：

```
<ul>
   <li>…</li>
   <li>…</li>
</ul>
```

（3）<dl>标签用于标识内容块，<dt>标签用于标识内容块的标题，<dd>标签用于标识内容。
语法格式如下：

```
<dl>
   <dt>标题</dt>
   <dd>内容 1</dd>
   <dd>内容 2</dd>
</dl>
```

<dt>和<dd>标签中可以再加入<ol>、<ul>、<li>和<p>标签。

理解了这些以后，在使用 div 布局时会方便很多，W3C 提供了很多元素辅助布局。

任务 4：设置图文的 CSS 样式

在网页中经常会出现图文结合的栏目。例如，在重庆愉快网学做菜首页页面中，网友分享栏目中的内容就是典型的图文结构。分析网页的结构，图文结构可以使用<dl>标签制作。首先，将图片插入<dt>标签中，将文字插入<dd>标签中。然后，将图片、按钮切片存入 images 文件夹中。

HTML 源代码如下：

```
<dl>
   <dt class="pu1"><a href="#"><img src="images/tu1.gif" /></a></dt>
   <dd class="yi"><img src="images/tu2.gif" />nn 分享了<a href="#">油焖大虾</a></dd>
   <dd class="er">★★★★★ <strong>3.0</strong></dd>
```

```
    <dd class="san">评论：324<a href="#">赞一下（55）</a></dd>
</dl>
```

CSS 样式代码如下：

```
dl{
    width:190px;
    height:270px;
    color:#666;
    float:left;
    border:1px #999999 solid;
    padding:3px;/*外框与内容之间的距离*/
}
dl dd{
    height:26px;/*统一<dd>标签中内容的高度*/
}
dl dd.yi{
    line-height:26px;/*使文字垂直方向居中对齐*/
    text-indent:28px;/*文字缩进*/
}
dl dd.yi a{
    color:#C90;/*设置链接文字的颜色*/
}
dl dd.yi a:hover{
    color:#F03;/*设置当鼠标指针经过时链接的颜色*/
}
dl dd.er{
    text-indent:8px;
    font-size:14px;
    color:#ff6102;
}
dd.er strong{
    font-size:16px;
}
dl dd.san{
    margin-left:8px;
}
dl dd.san a{
    color:#FFF;
    display:block;
    width:76px;
    height:19px;
    text-align:center;
    line-height:19px;
    float:right;
    background: url(../images/zan.gif) no-repeat; }
```

图文结构的效果如图 4.3-10 所示。

图 4.3-10　图文结构的效果

4.4　任务总结

通过对本项目知识的学习和任务的完成，我们了解了如何去修饰与美化页面，理解了盒子模型和盒子模型的属性，掌握了如何运用 div+CSS 进行网页布局。知识点如下所述。

1．盒子模型

盒子模型就是把 HTML 页面中的元素看作一个矩形的盒子。每个矩形盒子都有内容（content）、内边距（padding）、边框（border）和外边距（margin）4 个属性，每个属性都包括上、右、下、左 4 个部分，而属性的 4 个部分可以同时进行设置，也可以分别进行设置。

2．div

div 是层叠样式表中的定位技术。<div>标签可以把网页文档分割为独立的、不同的部分，以实现网页的规划和布局。<div>与</div>标签之间相当于一个"盒子"，可以设置外边距、内边距、宽度和高度，同时内部可以容纳段落、标题、表格、图像等各种网页元素，<div>标签中还可以嵌套多层<div>标签。

3．元素的浮动

所谓元素的浮动，是指设置了浮动属性的元素会脱离标准文档流的控制，移动到其父元素中指定位置的过程。在 CSS 中，可以通过 float 属性来定义浮动，也可以使用 clear 属性来清除浮动。

4．元素的定位

元素的定位就是将元素放置在页面的指定位置。通过 position 属性可以对元素的位置进行精确的控制。position 属性值有 static（静态定位）、relative（相对定位）、absolute（绝对定位）及 fixed（固定定位）。无论是相对定位、固定定位，还是绝对定位，只要定位坐标相同就会存在定位元素重叠现象。使用 CSS 中的 z-index 属性可以改变定位元素的覆盖顺序。

4.5　能力与知识拓展

网页设计技巧

在网页设计工作开始之前，需要先了解网页的运行环境和阅读对象等。另外，还需要注意网页设计师有哪些关键技巧？又有哪些陷阱需要避免？这对设计出来的页面是否能使人们喜闻乐见、流连忘返起关键作用。

一个优秀的页面一般需要遵循如下原则。

1）明确内容

首先应该考虑网站的内容，包括网站功能和用户需求，整个设计都应该围绕这些方面来进行。如果不了解网页用户的需求，那么设计出来的网页文档几乎毫无意义。比如，要设计一个网上电子交易系统，就没有必要罗列一些文学、艺术等方面的内容，否则只会引起用户的反感。

2）色彩和谐统一

网页设计需要达到传达信息和审美两个目的，而悦人的网页配色可以使浏览者过目不忘。网页色彩设计应该遵循"总体协调，局部对比"的原则。初学者往往驾驭不好色彩的搭配，因此，在学习各种色彩理论的同时，还应多参考一些著名网站的用色方法，这对初学者设计出美观的网页能起到事半功倍的效果。

3）打开速度要快

相信大家都遇到过这样的情况，好不容易从搜索引擎中找到了感兴趣的链接，最终却因为迟迟打不开网页而放弃。根据统计，一般人从选择要看的页面算起，经过从 Internet 上开始下载到下载完毕，可以忍受的时间大约为 30 秒。

网页的打开速度除了跟服务器性能和带宽容量有关，更多的是与网页文档大小和代码优劣等有直接关系。因此，一定要注意网页的大小，应控制在 50KB 以内为宜，太多、太大的图像往往会影响网页的下载速度。在网页的设计过程中需要对图像进行优化，争取在图像质量与显示速度之间取得一个平衡。

4）导航明朗

导航的项目不宜过多，一般使用 5～9 个链接比较合适，可以只列出几个主要页面。如果信息量比较大，确实需要建立很多导航链接时，则尽量采用分级目录的方式列出，或者建立搜索的表单，让浏览者通过输入关键字即可进行检索。

5）定期更新

除了及时更新内容，还需要每隔一定的时间就对版面、色彩等进行改进，从而让浏览者对网站保持一种新鲜感，否则就会失去大量的浏览者。

6）平台的兼容性

最好在不同的浏览器和分辨率下进行测试，基本原则是确保在 IE5 以上版本的浏览器中都有较好的效果，在 1024px×768px 和 800px×600px 的分辨率下都能正常显示。此外，在网页设计过程中，还需要尽量少地使用 Java 语言和 ActiveX 控件编写的代码，因为并不是每一种浏览器都能很好地支持它们。

网页中所包含的内容除了文本，往往还有一些漂亮的图像、背景和精彩的 Flash 动画等，以使页面更具观赏性和艺术性。想要在网页中方便地添加这些元素，需要借助一些常用的网页制作软件。

4.6 巩固练习

重庆愉快网美食资讯页面文字的编排

根据所给任务图片，运用 div+CSS 布局设计与制作重庆愉快网美食资讯页面文字的编排。

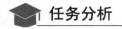
 任务分析

由于左右两边文字布局完全相同，因此可以使用同一个 CSS 样式。可以使用<div>、<h1>～<h6>、<dl>、<ul>或<p>等标签来对页面进行布局，效果如图 4.6-1 所示。

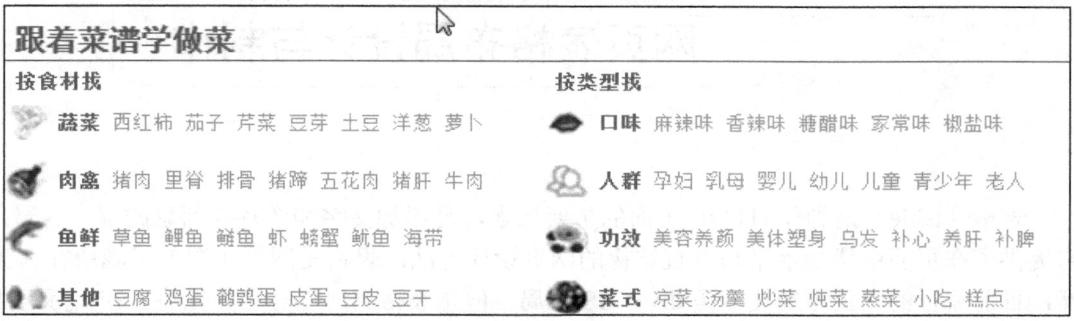

跟着菜谱学做菜

按食材找		按类型找	
蔬菜 西红柿 茄子 芹菜 豆芽 土豆 洋葱 萝卜		**口味** 麻辣味 香辣味 糖醋味 家常味 椒盐味	
肉禽 猪肉 里脊 排骨 猪蹄 五花肉 猪肝 牛肉		**人群** 孕妇 乳母 婴儿 幼儿 儿童 青少年 老人	
鱼鲜 草鱼 鲤鱼 鳕鱼 虾 螃蟹 鱿鱼 海带		**功效** 美容养颜 美体塑身 乌发 补心 养肝 补脾	
其他 豆腐 鸡蛋 鹌鹑蛋 皮蛋 豆皮 豆干		**菜式** 凉菜 汤羹 炒菜 炖菜 蒸菜 小吃 糕点	

图 4.6-1　练习效果

项目5

网页表格布局设计与制作

表格（table）是制作 HTML 页面的重要元素，是添加文字和图片等信息的强大容器，它提供了在页面中增加水平与垂直结构的网页设计方法。表格是网页布局的灵魂所在。虽然，目前流行的网页布局技术是 div+CSS 布局，但是表格布局也有它的优势。在实际运用中，表格布局的地位是不可动摇的。我们打开浏览器，会发现很多网页都或多或少地采用了表格。掌握表格的制作方法，是学习网页设计与制作的入门知识之一。

本项目以个人网站相册页面为实例，具体讲解如何通过表格的拆分、合并、嵌套及设置各种属性来进行页面布局。本项目采用项目教学法，以任务驱动法教学，从而提高大家的学习积极性，充分体现了产教结合的思想目标。

5.1 任务目标

知识目标

1. 掌握表格在网页设计中的作用。
2. 掌握网页中表格的制作方法。
3. 掌握表格属性的设置方法及单元格的修饰与编辑方法。
4. 掌握在单元格中正确插入文字和图片的方法。
5. 掌握表格嵌套的设计方法。

技能目标

1. 能正确制作网页表格。
2. 能正确设置表格信息。
3. 能够根据网页设计内容，正确布局表格的结构。
4. 能通过学习网页表格的设计，学会表格页面整体的设计与制作流程。
5. 能懂得修改表格属性的方法与步骤。

素质目标

1. 培养规范的编码习惯。

2．培养团队的沟通、交流和协作能力。

3．培养学生的敬业精神。

5.2　知识准备

表格是由一些被线条分开的单元格组成的。线条即表格的边框，而被边框分开的区域被称为单元格，数据、文字和图片等网页元素均可以根据需要放置在相应的单元格中。表格结构如图 5.2-1 所示。

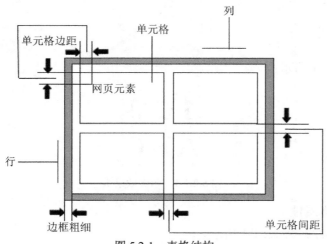

图 5.2-1　表格结构

在网页中使用表格一般有两种情况：一种是在需要组织数据显示时使用；另一种是在布局网页时使用。当表格被用作布局时，需要对表格的属性进行设置。

5.2.1　表格标签

1．表格标签

```
<table></table>
```

2．功能

表格是用于在网页上显示表格式数据及对文本和图片进行布局的强有力工具。它简洁明了，可以高效、快捷地将文字和图片等信息显示在页面上，因此使用表格可以很方便地对网页进行布局。使用表格布局的优点是思路简单，对表格的行和列都可以加入 CSS 属性，方便且易学。

3．语法

```
<table width="" border="">
<tr>
<td></td>
<td></td>
```

```
</tr>
</table>
```

标签说明如下：

```
<table>…</table>：定义表格结构。
<tr>…</tr>：定义表格行。
<th>…</th>：定义表头。
<td>…</td>：定义表格单元格（表格中的具体数据）。
```

示例代码如下：

```
<table>
<tr><th>1</th>
<th>2</th>
<th>3</th></tr>
<tr><td>A</td>
<td>B</td>
<td>C</td></tr>
</table>
```

效果如图 5.2.1-1 所示。

图 5.2.1-1　示例效果 1

4．表格的基本属性

表格的基本属性如表 5.2.1-1 所示。

表 5.2.1-1　表格的基本属性

属　　性	定　　义
border	设置表格边框
cellspacing	设置单元格之间的空白距离
cellpadding	设置单元格内部的空白距离
width	设置表格的宽度（可以使用百分比或具体数据表示）
height	设置表格的高度
align	设置水平对齐方式
valign	设置垂直对齐方式
background	设置背景
bordercolor	设置边框颜色

示例代码如下：

```
<table border="5" cellpadding="10">
<tr><th>1</th><th>2</th><th>3</th></tr>
<tr><td>A</td><td>B</td><td>C</td></tr>
</table>
```

效果如图 5.2.1-2 所示。

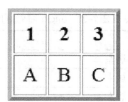

图 5.2.1-2　示例效果 2

5．表格的对齐方式

1）表格内的文字对齐

语法格式如下：

```
<td valign="">
```

valign 属性的值如表 5.2.1-2 所示。

表 5.2.1-2　valign 属性的值

属　性　值	定　　义
top	纵向居顶
middle	纵向居中
bottom	纵向居底

示例代码如下：

```
<table border height=100>
<td valign=top>上</td>
<td valign=middle>中</td>
<td valign=bottom>下</td>
</table>
```

效果如图 5.2.1-3 所示。

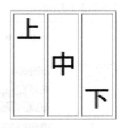

图 5.2.1-3　示例效果 3

2）表格在页面内的对齐

如果需要在表格中并排放置一段文字，就需要用到表格的另一个属性 align。语法格式如下：

```
<table align="">
```

align 属性的值如表 5.2.1-3 所示。

表 5.2.1-3　align 属性的值

属　性　值	定　　义
left	横向居左
center	横向居中
right	横向居右

示例代码如下：

```
<table align="left" border>
<tr><th>1</th><th>2</th><th>3</th></tr>
<tr><td>左</td><td>中</td><td>右</td></tr>
</table>
```

效果如图 5.2.1-4 所示。

图 5.2.1-4　示例效果 4

5.2.2　使用表格布局的原因

使用表格布局的页面在不同平台、不同分辨率的浏览器中都能够保持页面的原有布局，并且具有良好的兼容性，所以表格是网页设计中常用的布局方式之一。

1．表格布局可以实现丰富的页面效果

在网页中，一些复杂的页面内容可以利用表格进行有序的整理，从而使页面整体感强、简单工整、内容清楚明晰。效果如图 5.2.2-1 所示。

图 5.2.2-1　表格布局效果 1

2. 划分大图，减少网页下载负担

在通常情况下，Banner 部分会是较大的图像。这时，我们最好先将图像分割成几个部分，再插入页面中。分割后的图像可以利用表格组合在一起，如图 5.2.2-2 所示。

图 5.2.2-2　表格布局效果 2

5.2.3　设计软件

在学习表格（table）之前，请读者做好以下软件准备：

- 推荐 Dreamweaver CS5 及其以上版本的软件，本书以 Dreamweaver CS6 来讲解。
- IE6 及其以上版本的浏览器（Windows 系统自带，推荐安装 IE8 浏览器）。
- Firefox 6 及其以上版本的浏览器（作为标准浏览器之一，Firefox 浏览器是检查网页浏览器兼容性的"利器"）。

5.3　个人网站相册页面设计与制作任务实施

 任务陈述

本任务的主要内容是使用表格布局来设计与制作个人网站相册页面。涉及的基础知识主要包括插入表格及其属性设置的方法、选择表格及其行与列的方法、拆分单元格的方法、表格的嵌套及插入字幕的方法及其参数设置等。个人网站相册页面如图 5.3-1 所示。

图 5.3-1　个人网站相册页面

接下来，我们需要探讨一下整个页面的布局。整个页面的布局分为 Banner 部分、Logo 部分、导航部分、内容部分及页脚部分。整个页面的内容部分比较复杂，分为 content 与 sidebar 部分。页面整体以表格进行布局，表格根据功能与内容的区分把页面划分为若干个单元格，然后填充内容，实现网页的布局。

任务分析

在前文任务陈述中，我们大体地了解了这个任务的性质与所要注意的知识点，可以得出对个人网站相册页面的一个具体分析。

1．**网站主题**：产品展示网站——个人网站相册页面。

2．**网页结构**：上—中—下。

3．**色彩分析**：本案例以白色为主，辅以绿色、黑色的冷色系。冷色能给人以宁静和庄严感。

4．**网站特点**：本案例主要设计与制作个人网站相册页面中的各个板块，从而使浏览者可以在网站中查看相册、了解作者的个人信息。

5．**设计思想**：要突出本页面的表格功能和条理性，让浏览者清晰地了解网站的服务，使用户可以在浏览网页的同时加深对作者的了解。

任务规划

在分析完个人网站相册页面之后，可以确定几个实施的关键任务，然后结合绘制个人网站相册页面线框结构图的分析理解，可以很直观地了解设计与制作个人网站相册页面的流程的任务划分。

（1）新建站点，使所有文件和图片等元素保证正确的链接路径。

（2）插入表格，完成页面的整体布局。

（3）添加图像和文字等网页元素，设计与制作完成整个个人网站相册页面。

个人网站相册页面线框结构图如图 5.3-2 所示。

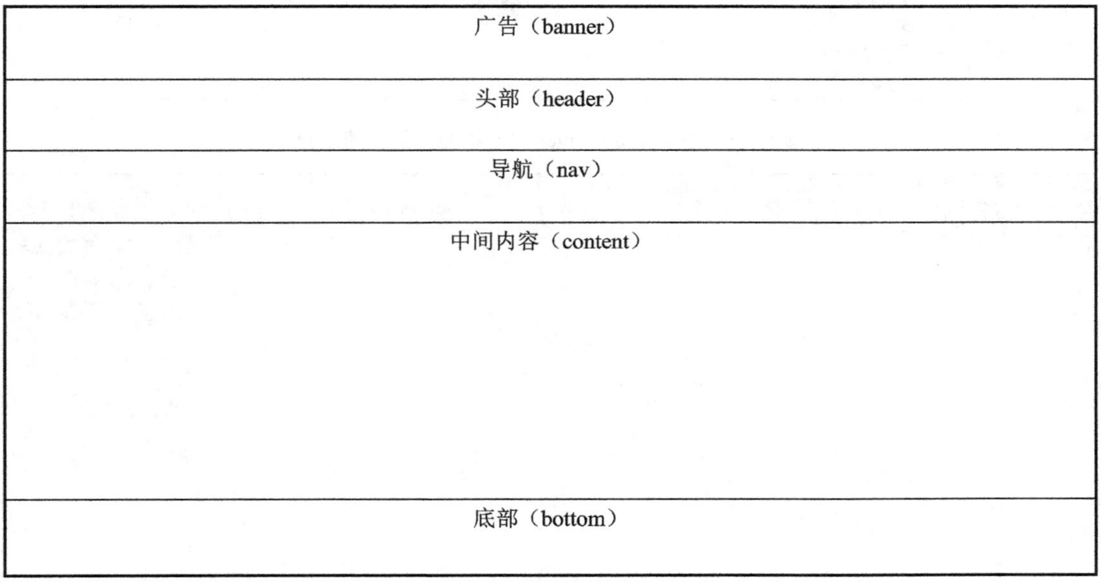

广告（banner）
头部（header）
导航（nav）
中间内容（content）
底部（bottom）

图 5.3-2　个人网站相册页面线框结构图

任务 1：创建个人网站相册页面站点

步骤一：创建新站点

Dreamweaver CS6 提供了 3 种创建站点的方法。

（1）在启动 Dreamweaver CS6 后，在欢迎页面创建站点，如图 5.3-3 所示。

（2）在 Dreamweaver CS6 工作环境下，选择菜单栏中的"站点"→"新建站点"命令，如图 5.3-4 所示。

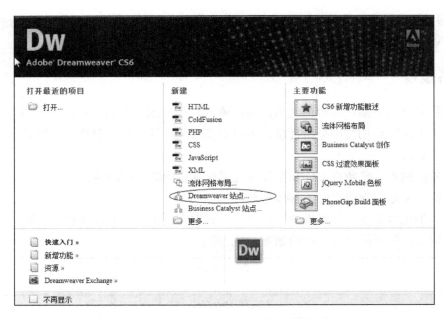

图 5.3-3　在 Dreamweaver CS6 欢迎页面创建站点

图 5.3-4　在 Dreamweaver CS6 工作环境下创建站点

（3）在控制面板中，选择"文件"→"管理站点"选项，如图 5.3-5 所示，然后在弹出的"管理站点"对话框中单击"新建站点"按钮，如图 5.3-6 所示。这 3 种创建站点的方法都是通过向导完成的，非常直观。

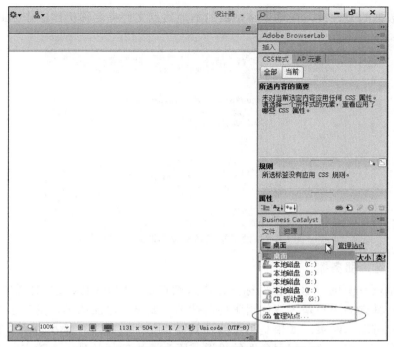

图 5.3-5　在控制面板中选择"管理站点"选项

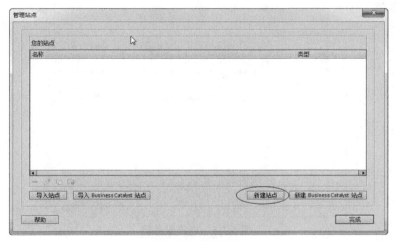

图 5.3-6　新建站点

步骤二：设置站点名称及本地站点文件夹

在 Dreamweaver CS6 欢迎页面的"新建"选区中选择"Dreamweaver 站点"选项，则会弹出"……的站点定义为"对话框，在该对话框中有两个标签，其中"基本"标签就是站点定义向导。第一个对话框如图 5.3-7 所示，这里有两个文本框。第一个文本框要求输入站点名称，以便在 Dreamweaver CS6 中标识该站点，在这里输入 photo，因为这次的项目任务是设计与制作个人网站相册页面，所以站点的名称为了方便记忆就以 photo 命名，当然也可以叫作 date、friend，等等。第二个文本框要求输入站点的本地站点文件夹，也就是保存站点所有数据的文件夹，在这里将站点的本地站点文件夹名称仍然取作 photo。

图 5.3-7　设置站点名称及本地站点文件夹

步骤三：选择服务器

选择对话框左侧的"服务器"标签，进入站点定义向导的第二个对话框，如图 5.3-8 所示。该对话框询问用户是否要使用服务器技术，如果不添加选项，则表示该站点是一个静态站点，没有动态网页。如果是动态网站就需要在"服务器"标签面板中单击"添加新服务器"按钮，进行一些远程服务器的设置。因为这次的任务是一个静态网页，所以我们暂不添加服务器。

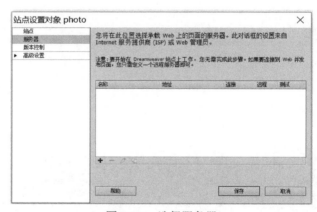

图 5.3-8　选择服务器

🖥 **小贴士**

进入高级设置选项

默认图像文件夹：设置网站图片默认存放的文件夹。如果是一个复杂的网站，则该网站的图片文件夹通常不会只有一个。

链接相对于：选择链接相对于文档或站点根目录。

Web URL：输入网站在 Internet 上的网址，能够在验证使用绝对地址的链接时发挥作用。在输入网址时需要注意，网址前面必须包含"http://"。

区分大小写的链接检查：设置是否检查链接文件名称的大小写。

启用缓存：在勾选该复选框后可以加快链接和站点管理任务的速度。

步骤四：为"photo"站点添加内容

（1）在"文件"面板中的 photo 文件夹上单击鼠标右键，则会弹出一个快捷菜单，如图 5.3-9 所示。

图 5.3-9　快捷菜单

（2）选择快捷菜单中的"新建文件夹"命令，则在 photo 文件夹下新建了一个文件夹。

（3）在光标位置输入文件夹的名称，如 images，然后按下 Enter 键确认。

（4）根据"photo"站点的要求，使用同样的方法再新建 3 个文件夹，分别命名为 flash、css 和 javascript，这 3 个文件夹分别用于存放关于 Flash 动画、CSS 样式和 JavaScript 特效等方面的内容，如图 5.3-10 所示。

图 5.3-10　"文件"面板

（5）在 photo 文件夹上单击鼠标右键，在弹出的快捷菜单中选择"新建文件"命令，则在 photo 文件夹下添加了一个网页文档，或者直接在菜单栏中选择"文件"→"新建文件"命令。

（6）在光标位置输入网页文档的名称，如 index.html，然后按下 Enter 键确认，如图 5.3-11 所示。

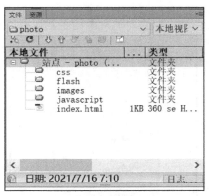

图 5.3-11　网页文件保存到根目录下

小贴士

站点的意义

在制作网页时，我们需要建立站点。那么我们为什么要建立站点呢？首先，管理站点是 Dreamweaver 的一大亮点，也是它区别于其他网页编辑软件的一大特色。但是，可能很多读者在使用 Dreamweaver 时却没有使用过它的管理站点功能，甚至不知道它是做什么用的。不过不要紧，接下来本书会简单介绍管理站点功能的优点和主要概念。

管理站点功能的主要优点：

（1）可以使用 Dreamweaver 的高级功能。比如，在新建页面时可以使用 Dreamweaver 预载的模板：页面设计（CSS）、入门页面、页面设计（有辅助功能的）等，这些都是需要在 Dreamweaver 中建立站点后才能使用的。

（2）建立站点，可以对站点里的网页中断掉的链接进行检查，即坏链检查。

（3）建立站点，可以生成站点报告，对站点中的文件形成预览。

（4）建立站点，并添加 FTP 信息，可以直接使用 Dreamweaver 将网页上传到服务器空间中。

（5）建立站点，并建立本地测试环境，可以调试动态脚本。

（6）最重要的是在建立站点后，可以形成明晰的组织结构图，使用户对站点结构了如指掌，方便用户设计与制作网页的系列操作，如增/减站点文件夹及文档等。除此之外，建立站点的优点还有很多，读者可以等建立好站点后慢慢体会。

而规划站点是建立站点的前期准备工作，主要包括规划站点主题、规划站点结构、设计网页版面、收集站点素材等。例如，要建立一个教学网站，该网站的主要内容是产品介绍。首先要考虑站点的服务对象，确定主题内容。同样是产品介绍的站点，我们是侧重产品价格及外观方面呢，还是侧重产品材质及品质方面呢？这就是主题问题，只有确定了站点主题，才能有的放矢地进行工作。

在前面的工作完成以后，接下来需要收集与整理站点素材，这是一项费时、费力的工作，需要精心组织与筹备。例如，内容文字、相关图像，甚至还要有动画、声音等装饰。因此在前期的准备工作中，搜集素材的工作量是最大的。

任务 2：插入表格完成基本布局

步骤一：创建表格

在插入栏中，单击"常用"选项卡中的 ⊞ 图标，会弹出"表格"对话框，如图 5.3-12 所示。根据需要先设计最外层表格的行数、列、表格宽度、边框粗细、单元格边距、单元格间距等。也可以在菜单栏中选择"插入"→"表格"命令。

行数、列：表格的行和列的个数。

表格宽度：表格宽度以像素为单位或以浏览器窗口宽度为基准的百分比（%）为单位。

边框粗细：以像素为单位来指定表格边框线的厚度。如果不想显示表格的边框线，则可以输入 0，在使用表格来布局页面时通常将该值设置为 0。

单元格边距：单元格中的内容与单元格边框之间的空白距离。当不输入具体数值时，默认为 1px。

单元格间距：单元格之间的空白距离。当不输入具体数值时，默认为 1px。

标题：当表格的一行或一列表示为表头时，选择所需的样式。

辅助功能：标题——表格的标题。摘要——关于表格的摘要说明，此信息不在浏览器中显示，但是可以在屏幕阅读器上识别，也可以转换为语音。

在建立好表格后，还可以在界面中任意调整表格的大小。将光标置于表格边缘处，当光标变成双向箭头时，便可以任意拖动，改变表格的大小，如图 5.3-13 所示。

图 5.3-12　"表格"对话框

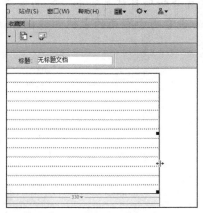

图 5.3-13　调整表格的大小

🖥 小贴士

有时在制作表格的过程中，表格的宽度会同时出现两个数字，这是由 HTML 代码中设置的列的宽度和实际页面中显示的列的宽度不一致造成的。那么这时，单击表示整个表格宽度的数字，在弹出的下拉列表中选择"使所有宽度一致"选项，即可使代码与页面中显示的宽度一致，如图 5.3-14 所示。

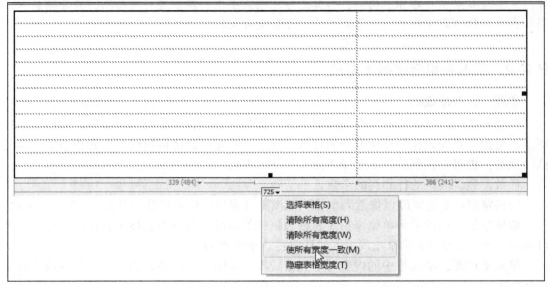

图 5.3-14 设置代码中列的宽度与页面中显示的宽度一致

表格的单元格的特点：表格的行是从左到右的走向，列是从上到下的走向，这与我们的阅读习惯相同。当输入信息时，单元格会自动扩展到与输入的信息相适应的大小。

表格的 HTML 语法：<table>标签定义一个表格，在<table>开始标签和</table>结束标签之间包含所有的元素。<tr>标签定义表格中的某一个行；<td>标签定义数据单元格；<th>标签定义表头；<caption>标签定义表格标题。

认真分析项目任务页面，页面框架由一个 5 行 1 列的表格布局，设置表格宽度为 780 像素，而通常用于布局的表格的边框粗细、单元格间距和单元格边距都设置为 0，如图 5.3-15 所示。

图 5.3-15 新建任务需求表格

在输入参数后，单击"确定"按钮建立表格。然后，选中整个表格，在窗口底部的"属性"面板中调整表格属性，让表格在页面中居中对齐，如图 5.3-16 所示。如果在新建表格时，参数输入不正确，则还可以通过"属性"面板进行修改。

图 5.3-16 设置居中对齐

项目任务的外框布局已经完成，仔细观察网页的布局，然后合并或拆分表格中的单元格。选择需要合并的两个及两个以上的单元格，单击"属性"面板中的合并单元格图标 ▭。在合并单元格图标旁边，就是拆分单元格图标 ▯，拆分单元格图标只对某一个单元格作用，如图 5.3-17 所示。

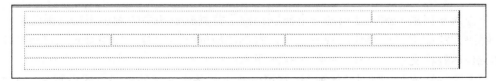

图 5.3-17 合并或拆分表格中的单元格

步骤二：嵌套表格

顶端导航部分分为工具条、页面 Logo 和菜单导航 3 个部分，因此需要分别插入 3 个表格，这就是表格的嵌套。根据左边的项目导航部分与右边的功能导航部分项目的数量，再加上中间的间距，插入一个 5 行 1 列的表格。

（1）**工具条部分**：插入一个 1 行 2 列的表格，宽度为 100%。

（2）**页面 Logo 部分**：插入一个 1 行 1 列的表格，宽度为 100%。

（3）**菜单导航部分**：插入一个 1 行 5 列的表格，宽度为 100%。使用嵌套表格的效果如图 5.3-18 所示。

图 5.3-18 使用嵌套表格的效果

任务3：编辑页面内容

步骤一：设置页面属性

在底部"属性"面板中单击"页面属性"按钮，在弹出的"页面属性"对话框中，进行页面整体风格的设置，如图5.3-19所示。

图5.3-19　"属性"面板

在"页面属性"对话框中，将页面字体设置为默认字体，大小设置为12px，左、右、上、下边距均设置为0px，然后单击"确定"按钮完成页面属性的设置，如图5.3-20所示。

图5.3-20　"页面属性"对话框

步骤二：制作工具条部分

将工具条部分的表格的背景颜色设置为#00000。接下来，在第二列的单元格中输入文字，文字会自动适应表格，如图5.3-21所示。

图5.3-21　设置背景颜色

在输入文字后，此处会出现一个问题：由于背景颜色和字体颜色相同，因此看不到字了。解决方法如下：选择代码视图方式，找到相应的文字内容，使用<font color="white">和</font>标签将文字括起来，如图5.3-22所示：

在设置好样式后，回到设计视图，将第一行工具条中文字的对齐方式设置为"右对齐"，效果如图5.3-23所示。

图 5.3-22　在代码视图中设置字体颜色

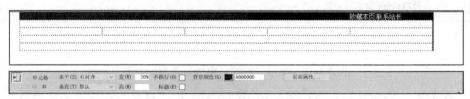

图 5.3-23　完成文字输入与设置

步骤三：制作页面 Logo 部分

页面 Logo 部分的制作相对比较简单，只需要将图片添加到表格中即可。首先将图片放入站点目录的 images 文件夹中，然后将此图片拖放到第二行的 Logo 处，如图 5.3-24 所示。

图 5.3-24　将图片放入站点目录中

页面 Logo 部分完成设置后的效果如图 5.3-25 所示。

图 5.3-25　页面 Logo 部分完成设置后的效果

步骤四：制作菜单导航部分

接下来，制作菜单导航部分。由于菜单导航部分分为 5 个栏目，而整个导航部分的宽度是将整个页面布满，因此将每个单元格的宽度设置为 234px，高度设置为 50px，并将背景颜色设置为#C1021B，如图 5.3-26 所示。

图 5.3-26　设置单元格的宽度、高度及背景颜色

菜单导航部分完成设置后的效果如图 5.3-27 所示。

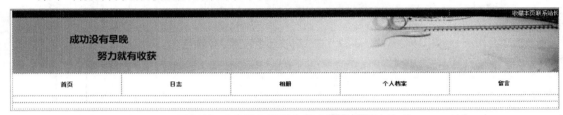

图 5.3-27　菜单导航部分完成设置后的效果

在设置好后，向每个单元格中输入相应的文字，框选导航部分所有的单元格，在"属性"面板中选择"水平"→"居中对齐"选项，使文字在表格中居中对齐。每个项目都需要链接，框选需要链接的文字，在"属性"面板中选择"HTML"→"链接"文本框。

设置链接的方法有以下 3 种。

方法一：在"链接"文本框中输入需要链接的地址（http://......）。

方法二：单击 图标，直接拖向需要站点内的链接页面，此方法只限于站点内的页面。

方法三：单击 图标，在本地文件夹内加入链接页面。在这里暂时将其设置为空链接，在"链接"文本框中输入#。

同时设置链接颜色为白色，在"属性"面板中选择"页面属性"→"链接（CSS）"选项，即可设置链接颜色与下画线样式，如图 5.3-28 所示。有关 CSS 样式，本书会详细介绍。

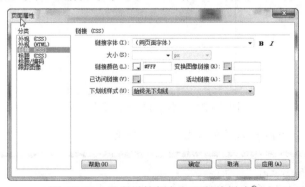

图 5.3-28　设置链接颜色与下画线样式[①]

---

① 软件图中"下划线"的正确写法应为"下画线"。

步骤五：制作页面主体部分

页面主体部分是嵌套的 2 行 1 列的表格，在第 2 行的单元格中，又嵌套了一个 6 行 3 列的表格，单元格拆分完成后的效果如图 5.3-29 所示。

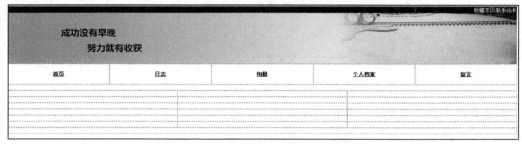

图 5.3-29　页面主体部分单元格拆分完成后的效果

加入第一行的内容，直接输入文字即可，并将行高设置为 40px；在第二行中依次添加文字内容和图片，并将文字行的行高设置为 30px，图片行的行高设置为图片自动高度。分别设置单元格的属性如图 5.3-30 所示。

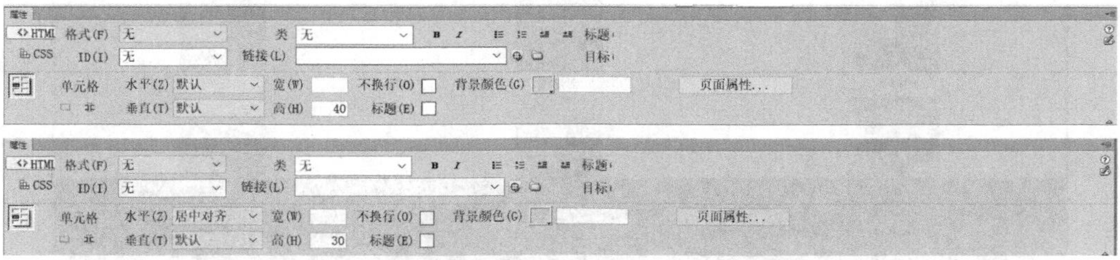

图 5.3-30　设置单元格的行高

页面主体部分内容添加完成后的效果如图 5.3-31 所示。

图 5.3-31　页面主体部分内容添加完成后的效果

步骤六：制作页尾部分

页尾部分的制作很简单，与前面制作的工具条部分非常相似，直接嵌套 1 行 1 列的表格，添加内容完成。将表格高度设置为 100px，表格的背景颜色设置为#000000，如图 5.3-32 所示。

图 5.3-32　设置表格的高度及背景颜色

向表格中添加文本内容，同时将字体颜色设置为白色，则页尾部分完成设置后的效果如图 5.3-33 所示。

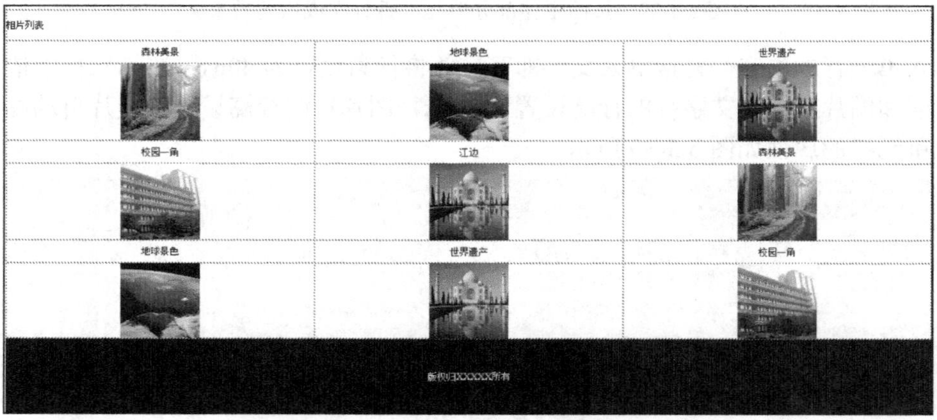

图 5.3-33　页尾部分完成设置后的效果

在浏览器中查看网页的运行结果，如图 5.3-34 所示。

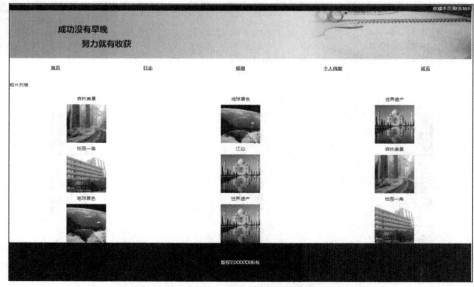

图 5.3-33　个人网站相册页面的效果

细心的读者会发现，此效果和本节最开始给出的案例效果有十分大的差距，这是因为此处没有学习样式表，所以没有办法进行样式的详细设计，在本书的后续项目中会讲解样式的相关操作。

5.4　任务总结

1．表格布局的注意事项

表格布局可以实现丰富的页面效果，使页面整体感强、简单工整、具有较强的视觉冲击力、更美观、内容清楚明晰。在不同的浏览器平台中，采用表格布局的网页具有较好的兼容性。在做表格布局时，需要注意以下问题。

（1）最外层表格的宽度是使用"像素"来定制的。

（2）插入嵌套表格可以区分不同的栏目内容，使各个栏目相互独立。但是嵌套表格的层次最好不要太多，否则会延长网页的打开时间。

2．表格布局的制作方法

通过对本项目的学习，我们了解到了表格的一些知识点。表格布局主要有合并、拆分和嵌套 3 种制作方式，其中合理地使用嵌套表格在表格布局中十分重要。

初学制作网站的读者都很喜欢将内容装在一个表格中。但是本书并不建议这样做。这是因为当表格经过多次拆分与合并后，将变得很复杂且难以控制，往往调整一个单元格就会影响到另一个单元格。还有一个原因就是浏览器在解析网页时，需要将表格中的所有内容下载完毕后才能把网页显现出来。如果整个网站是一个大表格，并且网站中的内容又多又复杂，那么浏览者需要等待整个网站加载完毕后才能浏览网页，这就意味着浏览者将对着空白页面很长一段时间。因此，合理地使用嵌套表格十分重要。合理的嵌套表格如图 5.4-1 所示。

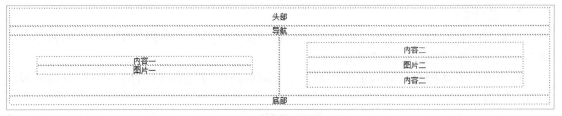

图 5.4-1　合理的嵌套表格

5.5　能力与知识拓展

5.5.1　网页常见结构布局

在设计网页时，需要了解网页的 5 种基本结构布局。

1．"国"字型

"国"字型网页结构布局又称"同"字型网页结构布局，其最上方为网站的 Logo 部分、

Banner 部分及导航条，接下来是网站的内容板块，如图 5.5-1 所示。

图 5.5-1　"国"字型网页结构布局

在内容板块左右两侧通常会分列两小条内容，可以是广告、友情链接等，也可以是网站的子导航条，最下面则是网站的页脚或版权板块。

2．拐角型

拐角型网页结构布局也是一种常见的网页结构布局。其与"国"字型网页结构布局只是在形式上有所区别，实际差异并不大。

拐角型网页结构布局的网页和"国"字型网页结构布局的网页的区别在于其内容板块只有一侧有侧栏。

拐角型网页结构布局的网页比"国"字型网页结构布局的网页稍微个性化一些，常用于一些娱乐性网站。例如，CW 电视台的官方网站就是拐角型网页结构布局，如图 5.5-2 所示。

3．上下框架型

上下框架型网页结构布局比"国"字型网页结构布局和拐角型网页结构布局都更加简单一些。

在上下框架型网页结构布局的网页中，主体部分并非如"国"字型或拐角型一样由主栏和侧栏组成，而是一个整体或复杂的组合结构。上下框架型网页结构布局用于一些栏目较少的网站，如图 5.5-3 所示。

图 5.5-2　拐角型网页结构布局

图 5.5-3　上下框架型网页结构布局

4．左右框架型

左右框架型网页结构布局是一种被垂直划分为两个或更多个框架的网页结构布局，类似将上下框架型网页结构布局旋转 90 度之后的效果。

左右框架型网页结构布局通常会被应用到一些个性化的网页或大型论坛网页中，具有结构清晰、一目了然的优点。例如，巴西的 iDeal Interactive 汽车销售公司的网页就是采用的左右框架型网页结构布局，如图 5.5-4 所示。

图 5.5-4　左右框架型网页结构布局

5．封面型

封面型网页结构布局的网页通常作为一些个性化网站的首页，以精美的动画加上几个链接或"进入"按钮，甚至只在图片或动画上做超链接。

娱乐性的网站或个人网站偏好使用这种布局方式。例如，英国电视节目《幸存者》的网站就是采用的封面型网页结构布局，如图 5.5-5 所示。

图 5.5-5　封面型网页结构布局

5.5.2 网页常见布局方法与原则

1. 网页布局的方法

在制作网页前，可以先勾画出网页布局的草图。网页布局的方法有两种：第一种为纸上布局；第二种为软件布局。下面分别进行介绍。

1）纸上布局法

许多网页制作者不喜欢先画出页面布局的草图，而是直接在网页设计器中边设计布局边添加内容。但是这种不打草稿的方法不能让网页制作者设计出优秀的网页来。因此在开始制作网页时，要先在纸上画出页面布局的草图来。

2）软件布局法

如果不喜欢用纸来画出页面布局的草图，那么还可以利用 Photoshop、Fireworks 等图像处理软件来完成这些工作。

2. 网页布局原则

在网页设计的众多环节中，页面布局、颜色搭配是十分重要的环节。常规网站中页面布局有以下几种特点，熟悉这些原则将对页面的设计有所帮助。

1）平衡性

文字、图像等要素的空间占用上分布均匀。

色彩的平衡，网页的色彩搭配要给人一种协调的感觉。

2）对称性

对称是一种美，生活中有许多事物都是对称的。但是过度的对称就会给人一种呆板、死气沉沉的感觉，因此要适当地打破对称，制造一点变化。

3）对比性

让不同的形态、色彩等元素相互对比，来形成鲜明的视觉效果。例如，黑白对比、圆形与方形对比等，它们往往能够创造出富有变化的效果。

4）疏密度

网页要做到疏密有度，即平常所说的"密不透风，疏可跑马"。不要整个网页都是一种样式，要适当进行留白，运用空格改变行间距、字间距等，从而制造一些变化的效果。

5）比例

比例适当，这在网页布局中非常重要，虽然不一定都要做到黄金分割，但是比例一定要协调。

5.6 巩固练习

1. 使用素材组合页面

利用表格制作图片展示页面，如图 5.6-1 所示。

图 5.6-1　图片展示页面的最终效果

此例将用到表格的嵌套布局、单元格内容对齐方式、表格的间距与边距设置等。

2. 独立实践——制作文字列表框

利用表格制作文字列表内容，如图 5.6-2 所示。

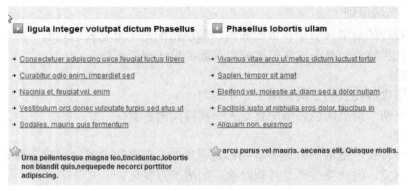

图 5.6-2　文字列表内容的最终效果

此例将用到表格的嵌套布局、单元格内容对齐方式、表格的间距与边距设置、超链接、表格背景颜色的设置等。

项目6

网页框架设计与制作

人们平时在上网浏览页面的过程中应该都遇到过一个现象，那就是在某一个网站中浏览信息时会发现很多的二级内容页面都是相同的架构布局，如页面中的一些网页广告、图片、Flash动画等，只有其中的内容是有着相对应的变化。而这样的页面就是网页设计中的框架页。使用框架可以让网页的风格统一，加快浏览速度。在浏览页面时，不需要将页面中含框架的窗口都重新加载，对于导航或不动的窗口在浏览网站时只需加载一次，这样就大大加快了浏览的速度。

在网页中使用框架具有以下两个优点：

（1）访问者的浏览器不需要为每个页面重新加载与导航相关的图形，这样毫无疑问可以提高网页的下载速度。

（2）每个框架都具有自己的滚动条（如果内容板块太大，则在窗口中显示不下），因此访问者可以独立滚动这些框架。

框架页是网页设计中的重要环节，是网页设计与制作的主体类型知识。本项目可以直观地体现信息内容，通过实例来系统地介绍框架页的基础知识。

本项目将以愉快网的个人主页为实例，具体讲解<frameset>、<iframe>和<frame>标签等在框架页面的实际设计与制作中的运用。本项目采用项目教学法，以任务驱动法教学，从而提高大家的学习积极性，充分体现了产教结合的思想目标。

6.1　任务目标

知识目标

1．掌握在网页中框架的使用。
2．掌握创建框架页面的一般操作。
3．掌握正确设置框架页的方式。
4．掌握<frameset>、<iframe>和<frame>标签的区分方法。
5．掌握框架与框架集的参数的设置方式。

技能目标

1．能了解框架页中的框架与框架集的概念。

2．能了解框架的定义及优缺点。

3．能通过学习框架页的设计，学会整合页面信息。

4．能正确搭建网页的主体框架。

5．能通过设置框架的属性参数来控制框架的交互功能。

素质目标

1．培养规范的编码习惯。

2．培养团队沟通、交流和协作能力。

3．培养学生的审美能力。

6.2 知识准备

本项目的主要内容是框架。在任务实施时，必须了解什么是框架。所谓框架，便是将网页页面分成几部分，它可以将原来显示一个页面的一个窗口的浏览方式分割成数个框窗，而每个框窗都可以显示一个网页，这样就可以在一个网页窗口中看到几个不同的网页，这个分割网页窗口浏览方式的框就被称为一个"框架"（frame）。通过使用框架，可以在同一个浏览器窗口中显示多个页面。每份 HTML 文档称为一个框架，并且每个框架都独立于其他的框架。

6.2.1 框架

所谓框架，便是将网页页面分成几个框窗，同时取得多个 URL。定义框架只需要 <frameset>与<frame>标签即可，而所有框架标签需要放在一个总起的 HTML 档案中，这个档案只记录了该框架如何划分，并不会显示任何资料，所以不必放入<body>标签中。当浏览某个框架时必须读取该框架的档案，而不是读取其他框架的档案。<frameset>标签用来划分框窗，而每个框窗由一个<frame>标签所标示，并且<frame>标签必须在<frameset>标签范围中使用。示例代码如下：

```
<frameset cols="50%,*">
    <frame name="hello" src="up2u.html">
    <frame name="hi" src="me2.html">
</frameset>
```

6.2.2 <frameset>标签与<frame>标签

<frameset>标签为框架标签，用来宣告 HTML 文档为框架模式，并设定如何划分框窗。<frame>标签则只是用来设定某个框窗内的属性参数。

1）<frameset>标签中的参数设定

示例代码如下：

```
<frameset rows="90,*" frameborder="0" border="0" framespacing="2" bordercolor=
"#008000">
```

- cols="90,*"：垂直切割页面（如将页面分成左右两个页面），接受整数值和百分数，而 * 则代表占用余下空间。数值的个数代表分成的框窗数目，并且以英文状态下的逗号进行分隔。例如，cols="30,*,50%" 表示可以将页面切割成 3 个框窗。其中，第一个框窗的宽度是 30px，这是一个绝对分割；第二个框窗的宽度是当分配完第一及第三个框窗后剩下的空间；第三个框窗的宽度则占整个页面宽度的 50%，这是一个相对分割。
- rows="120,*"：横向切割页面，就是将页面上下分开，数值设定同 cols 属性的数值设定。只是 cols 与 rows 两个参数尽量不要放在同一个 <frameset> 标签中，这是因为 Netscape 偶尔不能显示这类型的框架，所以尽量采用多重分割的方式。
- frameborder="0"：设定框架的边框，其值只有 0 和 1，0 表示不要显示边框，1 表示要显示边框。（避免使用 yes 或 no。）
- border="0"：设定框架的边框厚度，以 px 为单位。
- bordercolor="#008000"：设定框架的边框颜色。
- framespacing="5"：表示框架与框架之间保留的空白距离。

2）<frame> 标签中的参数设定

示例代码如下：

```
<frame name="top" src="a.html" marginwidth="5" marginheight="5" scrolling="Auto" frameborder="0" noresizeframespacing="6" bordercolor="#0000FF">
```

- src="a.html"：设定此框窗中要显示的网页档案名称，每个框窗一定要对应着一个网页档案。可以使用绝对路径或相对路径。
- name="top"：设定这个框窗的名称，这样才能指定框架来作链接，该属性必须设置，但是名称可以任意命名。
- frameborder="0"：设定是否要显示框架的边框，其值只有 0 和 1，0 表示不要显示边框，1 表示要显示边框。（避免使用 yes 或 no。）
- framespacing="6"：表示框架与框架之间保留的空白距离。
- bordercolor="#008000"：设定框架的边框颜色。
- scrolling="auto"：设定是否要显示滚动条，yes 表示要显示滚动条，no 表示无论如何都不要显示滚动条，auto 表示视情况显示。
- noresize：设定不让页面使用者可以改变这个框架的大小，如果没有设定此参数，则页面使用者可以很随意地拉动框架，改变其大小。
- marginheight="5"：表示框架的上方和下方的边距。
- marginwidth="5"：表示框架的左侧和右侧的边距。

在不同的页面布局方式中框架标签的使用示例如表 6.2.2-1 所示。

表 6.2.2-1　在不同的页面布局方式中框架标签的使用示例

页面布局方式	示　例	HTML Code

水平布局		`<frameset rows="80,*">`
		　　`<frame name="top" src="a.html">`
		　　`<frame name="bottom" src="b.html">`
		`</frameset>`

续表

页面布局方式	示　例	HTML Code

垂直布局		`<frameset rows="80,*,80">`
		　`<frame name="top" src="a.html">`
		　`<frame name="middle" src="b.html">`
		　`<frame name="bottom" src="c.html">`
		`</frameset>`

左右布局		`<frameset cols="150,*">`
		　`<frameset rows="80,*">`
		　　`<frame name="upper_left" src="a.html">`
		　　`<frame name="lower_left" src="b.html">`
		　`</frameset>`
		　`<frame name="right" src="c.html">`
		`</frameset>`

混合布局		`<frameset rows="80,*">`
		　`<frame name="top" src="a.html">`
		　`<frameset cols="150,*">`
		　　`<frame name="lower_left" src="b.html">`
		　　`<frame name="lower_right" src="c.html">`
		　`</frameset>`
		`</frameset>`

		`<frameset cols="150,*">`
		　`<frame name="left" src="a.html">`
		　`<frameset rows="80,*">`
		　　`<frame name="upper_right" src="b.html">`
		　　`<frame name="lower_right" src="c.html">`
		　`</frameset>`
		`</frameset>`

6.2.3　<noframes>标签

　　当浏览者使用的浏览器的版本太旧，浏览器不支持框架这个功能时，浏览者看到的将会是一片空白。为了避免这种情况的发生，可以使用<noframes>标签，当使用者的浏览器看不到框架时，浏览者就会看到<noframes>与</noframes>标签之间的内容，而不是一片空白。这些内容可以是提醒浏览者转用新的浏览器的字句，也可以是一个没有框架的网页。

　　应用方法如下所述。

　　在<frameset>标签范围内加入<noframes>标签，示例如下：

```
<frameset rows="80,*">
<noframes>
<body>
```

```
很抱歉，您现在使用的浏览器不支持框架功能，请转用新的浏览器。
</body>
</noframes>
<frame name="top" src="a.html">
<frame name="bottom" src="b.html">
</frameset>
```

若浏览器支持框架功能，则浏览器不会理会<noframes>与</noframes>标签之间的内容。但是若浏览器不支持框架功能，由于不认识所有的框架标签，则不明的标签会被略过，而标签包围的内容便会被解读出来，因此放在<noframes>与</noframes>标签之间的文字会被显示。

6.2.4　<iframe>标签

<iframe>标签只适用于 IE 浏览器。它的作用是在一个网页中间插入一个框窗以显示另一个文件。它是一个围堵标签，但是围堵着的字句只有在浏览器不支持<iframe>标签时才会显示，与<noframes>标签相同，可以在<iframe>与</iframe>标签之间放些提醒字句之类的内容。通常<iframe>标签配合一个辨认浏览器的 JavaScript 脚本文件会较好，若 JavaScript 脚本文件认出该浏览器并非 IE 浏览器，就会切换到另一个版本。

<iframe>标签的参数设定如下所述。

示例代码如下：

```
<iframe src="iframe.html" name="test" align="middle" width="300" height="100"
marginwidth="1" marginheight="1" frameborder="1" scrolling="yes">
```

- src="iframe.html"：设置显示于此框窗的文件名称，必须加上相对路径或绝对路径。
- name="test"：设定此框窗的名称，这是超链接标记的 target 参数所需要的。
- align="middle"：可选值为 left、right、top、middle、bottom，作用不大。
- width="300" height="100"：设定框窗的宽度和高度，以 px 为单位。
- marginwidth="1" marginheight="1"：设定该插入的文件与框边之间所保留的空间。
- frameborder="1"：设定是否要显示框架的边框，其值只有 0 和 1，1 表示要显示边框，0 则表示不要显示边框。（也可以是 yes 或 no。）
- scrolling="yes"：设定是否要显示滚动条，yes 表示要显示滚动条，no 表示无论如何都不要显示滚动条，auto 表示视情况显示。

6.3　重庆愉快网个人主页页面设计与制作任务实施

任务陈述

本任务的主要内容是使用框架来设计与制作重庆愉快网个人主页页面。在任务实施之前，我们需要了解一下什么是个人主页。个人主页是从英文 Personal Homepage 翻译而来，更适合的意思是"属于个人的网站"，所以个人主页其实就是一种最简单的个人网站。

个人主页可以根据自己的兴趣爱好或价值取向，以展示自我、与人交流为目的，而在网络上创建的供其他人浏览的网站。一般个人主页都有一定的设计原则，简单地归纳起来有以下 5 点。

1．简洁性

从人记忆能力的角度来说，由于人的大脑一次性最多可以记忆 5～7 条信息，因此如果希望人们在看完页面后能留下印象，则可以使用一个简单的关键词语或图像来吸引他们的注意力。

给用户在需要的页面空间上留白，就像大画家的画作留白是恰到好处的那样，不是整个页面充斥着信息、图像就是好的，要懂得通过留白来塑造简洁。

2．一致性

对于一个人的个人主页来说，它的各个页面要求是一致的。这个一致性是反映在功能导航、元素设计、颜色、字体、颜色字体对比等方面的。一种模板表达一种风格，而用户选择某种模板，其实是用户个性的反映；用户希望通过模板来反映自己的特性，从而在以后的"人际交流"中可以明显地识别自己和找到自己的同好。

一致性还体现在和网站整体风格的趋同性上，这不是简单的颜色统一，因为用户需要不同的背景色来映衬自己，而是设计原则上的一致。

3．对比性

为什么有些网页看起来内容很多，但是给人的感觉还是简洁的呢？这是因为在网页设计时注意到了对比性，对比性是需要表现的内容和间接性要求之间的调和者。简单来说，网页上的导航和内容部分、不同位置的字体、不同位置的留白、颜色的突出和淡化等，这些都是必须注意对比性的地方。校内网的个人首页在对比性上做得就比较好，它既满足了学生们对于自身所有信息的直白关注，又做到了简洁。

4．色彩均衡性

其实色彩是包含在前面三个设计原则中的，但是它是对用户视觉冲击力最大、最能影响用户喜欢意愿度的一个元素。想要网站吸引人，一个对色彩敏感且能够把握用户体验的美工是必需的。一般每个页面中使用的字体不超过 3 种，使用的颜色少于 256 种。除了注意和学习一般的颜色冲突，还可以多多借鉴国外网站的颜色搭配和布局。

5．易用性

顾客就是上帝，用户就是顾客。网站把握用户的前提是，用户使用网站的产品，并且在不需要网站地图的前提下，就可以用得很明白。这是个人主页设计者最基本的要求。易用性对于个人主页来说尤其重要，用户要管理、要和别人交流、要自己查看别人在自己地盘上的活动等，通过简单的操作流程，用户在需要做什么时就可以直接做他想做的。

本任务将通过框架的方式来完成重庆愉快网个人主页页面的设计与制作，以此来实现个人主页的设计原则，并通过在一个页面中链接不同的网页来显示内容，从而在不影响其具体的页面布局的情况下，达到学习框架页的目的。重庆愉快网个人主页页面如图 6.3-1 所示。

图 6.3-1　重庆愉快网个人主页页面

任务分析

在前文任务陈述中，我们大体地了解了这个任务的性质与所要注意的知识点，可以得出对重庆愉快网个人主页页面的一个具体分析。

（1）**网站主题**：电子商务网站——重庆愉快网个人主页页面。

（2）**网页结构**：上—左右。

（3）**色彩分析**：本案例以白色为主，辅以红色和橙黄色。跳跃的红色充满活力，富有激情和现代节奏，突出商业功能和产品销售。

（4）**网站特点**：本案例主要设计与制作重庆愉快网个人主页页面中的各个板块，从而使用户可以在个人主页中对自己的美食游记、照片、攻略等内容进行发布和管理，方便用户可以更好地展示自己的风采。

（5）**设计思想**：要突出本页面的展示功能，让用户可以清晰地了解个人主页的各个操作流程，使用户可以快速地完成操作功能。

任务规划

在分析完重庆愉快网个人主页页面后，可以确定几个实施的关键任务，然后结合绘制重庆愉快网个人主页页面线框结构图的分析理解，可以很直观地了解到设计与制作重庆愉快网个人主页页面的流程的任务划分。

（1）新建站点，使所有文件和图片等元素保证正确的链接路径。

（2）新建框架页，完成页面的整体布局。

（3）设置框架页的基本属性，设计与制作完成整个重庆愉快网个人主页页面。

重庆愉快网个人主页页面线框结构图如图 6.3-2 所示。

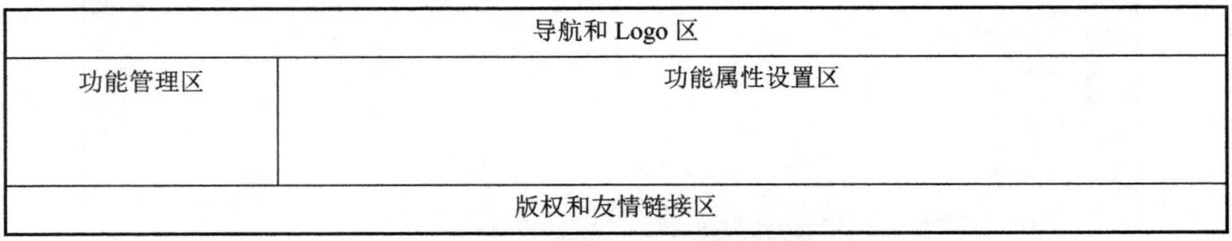

导航和 Logo 区	
功能管理区	功能属性设置区
版权和友情链接区	

图 6.3-2　重庆愉快网个人主页页面线框结构图

任务 1：创建重庆愉快网个人主页页面

步骤一：新建重庆愉快网个人主页页面站点

请参照学习项目 5 中的内容，这里不再赘述。

步骤二：设置页面属性

在底部"属性"面板中单击"页面属性"按钮，在弹出的"页面属性"对话框中进行页面整体风格的设置，如图 6.3-3 所示。

图 6.3-3　"属性"面板

在"页面属性"对话框中，将页面字体设置为默认字体，大小设置为 12px，左、右、上、下边距均设置为 0px，然后单击"确定"按钮完成页面属性的设置，如图 6.3-4 所示。

图 6.3-4　"页面属性"对话框

步骤三：插入框架

在菜单栏中选择"插入"→"HTML"→"框架"→"上方及下方"命令，插入一个上方及下方的框架，如图 6.3-5 所示。

图 6.3-5　插入一个上方及下方的框架

在弹出的对话框中为框架指定一个名称，如图 6.3-6 所示。

图 6.3-6　为框架指定名称

这时就能在 Dreamweaver 中生成一个上下布局的框架，如图 6.3-7 所示。

此时结合之前的页面线框结构图可以发现，在上下布局的框架页中，中间部分是一个左右布局的结构。所以，在新生成的框架的中间部分，需要再嵌套一个左侧框架。

在菜单栏中选择"插入"→"HTML"→"框架"→"左对齐"命令，确定创建一个嵌套的左侧框架，如图6.3-8所示。

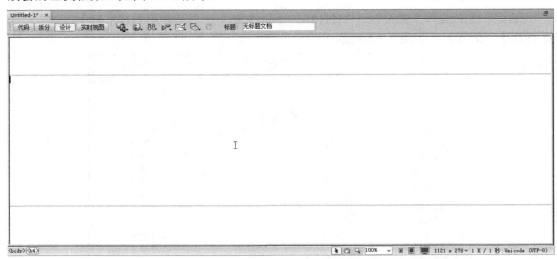

图 6.3-7　插入上下布局的框架后的效果

图 6.3-8　插入左对齐框架

这时我们就完成框架集的结构的设计与制作了，效果如图6.3-9所示。

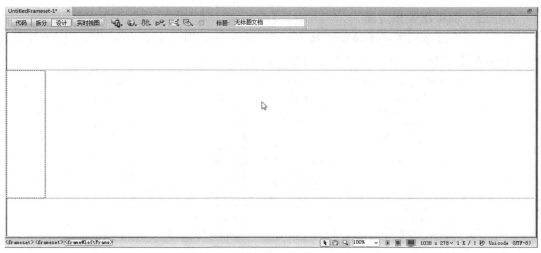

图 6.3-9　插入左对齐框架后的效果

🖥 小贴士

创建框架的方法

　　除了选择"插入"→"HTML"→"框架"命令完成创建框架的方法，还有其他的创建框架的方法。

　　可以在菜单栏中选择"查看"→"可视化助理"→"框架边框"命令，当在网页中按下 Alt 键后，使用鼠标拖动框架边框，也可以创建框架，如图 6.3-10 所示。

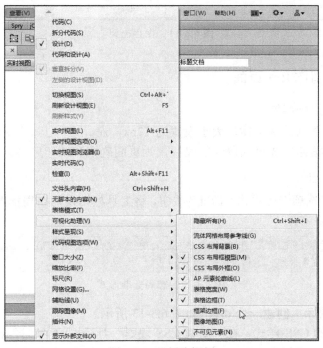

图 6.3-10　创建框架

步骤四：保存框架集页面

在"文件"菜单的下拉菜单中选择"保存全部"（保存框架集的所有文件）或"保存框架"（保存框架文件）命令，对框架进行保存，如图6.3-11所示。

图 6.3-11　保存框架

任务 2：设计与制作 top 页面

步骤一：设置页面属性

将页面字体设置为默认字体，大小设置为 12px，左、右、上、下边距均设置为 0px，然后单击"确定"按钮完成页面属性的设置，为页面确定和统一风格。

步骤二：插入 div

（1）在"布局"选项卡中单击"标准"按钮，将工具栏切换为布局标准形式，如图 6.3-12 所示。

图 6.3-12　布局标准形式

然后单击 图标，创建一个 div，如图 6.3-13 所示。

（2）创建 div 的 CSS 样式，在"新建 CSS 规则"对话框的"选择器类型"下拉列表中选择"类（可应用于任何 HTML 元素）"选项，在"选择器名称"下拉列表中选择"top"

选项，然后单击"确定"按钮，如图 6.3-14 所示。

图 6.3-13　插入 div 的效果

在".top 的 CSS 规则定义"对话框的"分类"列表框中选择"方框"选项，设置 Width 为 1050px，如图 6.3-15 所示。

图 6.3-14　"新建 CSS 规则"对话框

图 6.3-15　设置方框的宽度属性

然后在"分类"列表框中选择"背景"选项，从文件夹中找到想要插入的背景图片，同时在"Background-repeat"下拉列表中选择"repeat"选项，如图 6.3-16 所示。

图 6.3-16　设置背景属性

（3）在页面中插入的 div 里，分别放置页面导航、图片和按钮等页面元素，初步完成
top 框架的设计与制作，效果如图 6.3-17 所示。

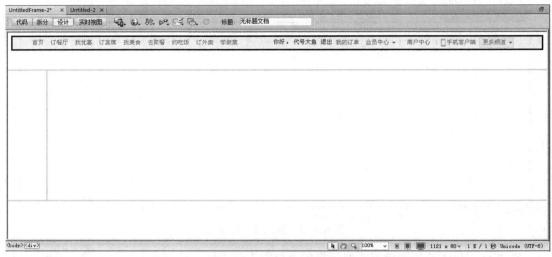

图 6.3-17　top 框架初步完成设计与制作后的效果

设置导航超链接 CSS 样式，进一步美化 top 框架的页面效果，如图 6.3-18 所示。

图 6.3-18　"CSS 样式"面板

步骤三：设置 top 框架的高度

选中框架集中的 top 框架，在"属性"面板中设置边界高度为 27px。这样可以保证 top
框架与下面的框架做到无缝隙，如图 6.3-19 所示。

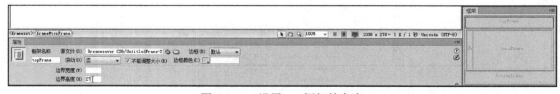

图 6.3-19　设置 top 框架的高度

这时 top 页面就设计与制作完成了，效果如图 6.3-20 所示。

图 6.3-20　top 页面设计与制作完成后的效果

🖥 **小贴士**

框架"属性"面板中的各项参数

框架名称：在框架名称下方的文本框中可以设置框架的名称，方便区别不同的框架。

源文件：可以在文本框中设置当前框架页内的文档名称，也可以通过单击 🔲 图标查找本地文件路径。

边框：设置当前框架是否有边框，默认为有边框。

边框颜色：如果框架设置为有边框，则可以在此设置边框颜色。

滚动：设置当前框架是否显示滚动条，有 4 个选项："是"、"否"、"自动"和"默认"。如果选择"自动"选项，则当网页内容超出框架范围时自动显示滚动条。

不能调整大小：勾选该复选框，则框架将不能调整大小。

边界宽度：设置框架中的内容与左右边框之间的距离，单位是像素。

边界高度：设置框架中的内容与上下边框之间的距离，单位是像素。

列：单击"属性"面板右侧框架集的缩图，可以设置框架集的比例。一般设置一列框架的值为固定的像素或百分比，而另一列框架的值为"1"，单位选择"相对"，这样可以保证让框架集中未固定设置宽度的一列框架随浏览器而自动适应宽度。

任务 3：设计与制作 left 页面

步骤一：设置页面属性

将页面字体设置为默认字体，大小设置为 12px，左、右、上、下边距均设置为 0px，然后单击"确定"按钮完成页面属性的设置，为页面确定和统一风格。（与任务 2 相同。）

步骤二：插入 div

（1）在"布局"选项卡中单击"标准"按钮，将工具栏切换为布局标准形式，如图 6.3-21 所示。

图 6.3-21　布局标准形式

然后单击 🔲 图标，创建一个 div，如图 6.3-22 所示。

（2）创建 div 的 CSS 样式，在"新建 CSS 规则"对话框的"选择器类型"下拉列表中选择"类（可应用于任何 HTML 元素）"选项，在"选择器名称"下拉列表中选择"left"
选项，然后单击"确定"按钮，如图 6.3-23 所示。

图 6.3-22　插入 div 的效果

图 6.3-23　"新建 CSS 规则"对话框 1

在".left 的 CSS 规则定义"对话框的"分类"列表框中选择"方框"选项，设置 Width
为 225px，如图 6.3-24 所示。

图 6.3-24　设置方框的宽度属性

然后在"分类"列表框中选择"背景"选项，先把背景颜色设置为#bec1c8，再从文件
夹中找到想要插入的 Logo 图片，同时在"Background-repeat"下拉列表中选择"no-repeat"
选项，如图 6.3-25 所示。

（3）在 left 层中插入头像图片，并创建图片的 CSS 样式，如图 6.3-26 所示。

在"left img 的 CSS 规则定义"对话框的"分类"列表框中选择"方框"选项，并设
置浮动为左对齐，同时将"Margin"中的"全部相同"复选框取消勾选，设置上内边距为
61px，如图 6.3-27 所示。

图 6.3-25　设置背景属性

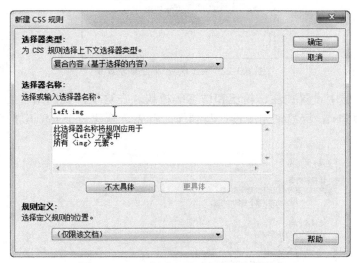

图 6.3-26　"新建 CSS 规则"对话框 2

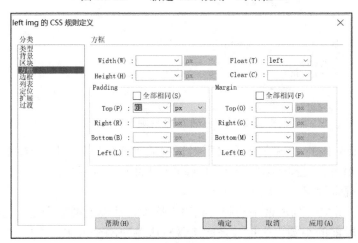

图 6.3-27　设置浮动与上内边距属性

这时我们就完成 left 层的部分效果了，如图 6.3-28 所示。

图 6.3-28　left 层完成的部分效果

（4）在 left 层中设置关注、粉丝和访客等板块。在这里，我们结合上一项目的学习，通过 CSS 样式中的<li>标签来完成设计与制作。首先，新建一个.left li 的复合 CSS 样式，如图 6.3-29 所示。

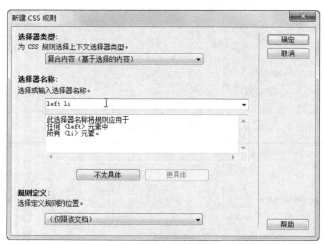

图 6.3-29　"新建 CSS 规则"对话框 3

然后，在"left li 的 CSS 规则定义"对话框的"分类"列表框中选择"方框"选项，并设置浮动为左对齐，把<li>标签原本的纵向排列的方式转变为横向排列，实现重庆愉快网个人主页中的视觉效果，如图 6.3-30 所示。

接下来，在"分类"列表框中选择"列表"选项，并设置类型为无，这样就可以把<li>标签原本每个字段前的小圆点去掉，最终实现重庆愉快网个人主页中的文字显示效果，如图 6.3-31 所示。

图 6.3-30　设置方框的浮动属性

图 6.3-31　设置列表样式

这时我们就完成关注、粉丝和访客等板块的设计与制作了，如图 6.3-32 所示。

图 6.3-32　关注、粉丝和访客等板块设计与制作完成后的效果

（5）在 left 层中设置个人资料。同样地，在这里，我们结合上一项目的学习，通过 CSS 样式中的<ul>标签来完成设计与制作。首先新建一个.left li ul 的复合 CSS 样式（具体设置与<li>标签相同，这里不再赘述），如图 6.3-33 所示。

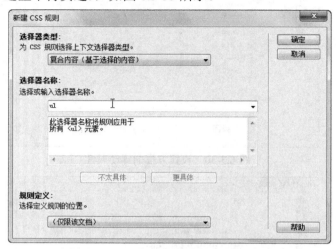

图 6.3-33　"新建 CSS 规则"对话框 4

在<ul>标签中输入现居、性别、爱好、美食宣言和最近心情等相关信息，同时设置好相应的行间距、字体颜色和字体大小等基本属性，最后插入"编辑个人资料"按钮。这时框架页的 left 页面就设计与制作完成了，效果如图 6.3-34 所示。

图 6.3-34　left 页面设计与制作完成后的效果

任务 4：设计制作 main 页面

步骤一：设置页面属性

将页面字体设置为默认字体，大小设置为 12px，左、右、上、下边距均设置为 0px，然后单击"确定"按钮完成页面属性的设置，为页面确定和统一风格。（与任务 2 相同。）

步骤二：插入 div

（1）在"布局"选项卡中单击"标准"按钮，将工具栏切换为布局标准形式，如图 6.3-35 所示。

图 6.3-35　布局标准形式

然后单击 ▦ 图标，创建一个 div，如图 6.3-36 所示。

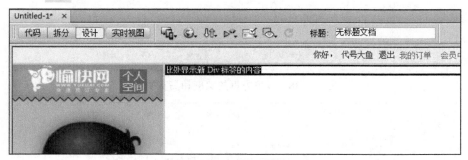

图 6.3-36　插入 div 的效果

（2）创建 div 的 CSS 样式，在"新建 CSS 规则"对话框的"选择器类型"下拉列表中选择"类（可应用于任何 HTML 元素）"选项，在"选择器名称"下拉列表中选择"main"选项，然后单击"确定"按钮，如图 6.3-37 所示。

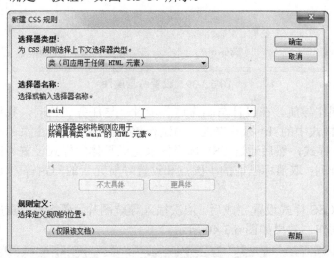

图 6.3-37　"新建 CSS 规则"对话框

在".main 的 CSS 规则定义"对话框的"分类"列表框中选择"方框"选项，设置 Width 为 775px，Height 为 182px，如图 6.3-38 所示。

然后，在"分类"列表框中选择"背景"选项，在"Background-image"中找到相对

应的图片插入，接着在"Background-repeat"下拉列表中选择"repeat-x"选项，完成这个.main
的初步设置，如图 6.3-39 所示。

图 6.3-38　设置方框的宽度和高宽属性

图 6.3-39　设置背景属性

（3）设计与制作导航。在设计与制作这一步时，与任务 3 相同，我们结合上一项目的
学习，使用 CSS 样式中的<li>标签来设计与制作重庆愉快网个人主页的导航。首先新建一
个.main li 的 CSS 样式，然后通过 CSS 选择器来完成具体的样式设置。比如，把纵向排列
设计转变为横向排列；取消标题前的小圆点和设置导航元素的间距等（具体操作不再赘述，
详细请参考任务 3）。

在.main li 的 CSS 样式设置完成后，依次插入导航图片，最终完成重庆愉快网个人主页
的导航的设计与制作，效果如图 6.3-40 所示。

图 6.3-40　导航设计与制作完成后的效果

（4）"我的记录"板块的设计与制作。"我的记录"板块是 main 页面的最后一个设计与制作板块，作为主体部分。通过观察可以了解到，"我的记录"板块主要是放置发布的内容的区域，所以，我们可以通过设置一个大的 div 来完成这一个板块的任务。

具体的步骤就是首先新建一个 div，然后创建一个.main2 的 CSS 样式，通过设置图片、文字、背景等操作（这里不再赘述，具体操作请参考之前的内容）来完成设计与制作。最后完成的效果如图 6.3-41 所示。

图 6.3-41 "我的记录"板块设计与制作完成后的效果

这时重庆愉快网个人主页的 main 页面就设计与制作完成了，效果如图 6.3-42 所示。

图 6.3-42 main 页面设计与制作完成后的效果

举一反三

设置无框架内容

由于并不是所有的浏览器都支持框架文件，因此需要设置无框架内容进行说明，以保证当用户的浏览器不能显示框架时，有一个可以显示的内容。无框架内容应用<noframes>与</noframes>标签来完成。

设置无框架内容的具体操作步骤如下所述。

（1）打开重庆愉快网个人主页文档，在菜单栏中选择"修改"→"框架集"→"编辑无框架内容"命令。

（2）文档将显示无框架内容的编辑窗口，在这个工作区中可以进行无框架页的设计。切换到框架集的源代码，可以看到下面的一段代码：

```
<noframes>
<span class="STYLE2">对不起，您的浏览器不支持框架，本页内容无法正常浏览！</span>
</noframes>
```

（3）在完成无框架内容的编辑后，再次在菜单栏中选择"修改"→"框架集"→"编辑无框架内容"命令，此时将退出无框架内容的编辑，返回文档视图。

提示：无框架内容的编辑不必进行过多修饰，此处的内容只是为了提示用户的浏览器不支持框架。现在大多数的浏览器均可以支持框架，因此没必要在此处花费太多时间。

6.4 任务总结

1. 框架与框架集的概念

框架页中的每一个区域称为一个框架窗口，简称为框架，应用框架在制作一些功能性比较强的网页时有很大的优势。比如，现在的一些网站的管理后台都是使用框架来制作的，这样操作方便，不必每次都点击链接刷新整个网页，因而受到很多网站设计师的青睐。

在某个框架中嵌套了另外的一个或多个独立的框架，这样组合而成的框架集合就是框架集。

2. 框架页的保存方式

因为框架页可以将一个浏览器窗口划分为多个区域，而且每个区域都可以分别显示不同的 HTML 文档。所以保存框架页需要保存所有的 HTML 文档。

在命名框架的标题时尽量使用位置和相应的英文来命名，这样便于对整个框架集的控制和理解。在保存每一个 HTML 页面时，可以根据框架页的不同区域分别命名为相应的名称。比如，当保存框架集时，可以将其命名为 index.html；当保存顶部框架时，可以将其命名为 top.html；当保存左侧框架时，可以将其命名为 left.html；当保存右侧框架时，可以将其命名为 right.html；当保存底部框架时，可以将其命名为 bottom.html。

3．框架的基本操作

通过对前文重庆愉快网个人主页页面案例的学习，我们基本掌握了创建框架与框架集的方法，同时了解了通过"属性"面板来设置框架的基本属性的方法。但是在实际的操作中往往会发现，在设计与制作框架页时，每个区域不但单独设置属性，而且分别保存为相对独立的 HTML 页面。那么，要怎样选择当前的整个框架页呢？我们现在就要了解和掌握框架的一些基本操作。

1）选择框架

（1）如果想要选择框架，则只需要单击一个框架内的任意地方，则该框架就会成为当前活动的框架，该框架中的网页就会成为当前活动的网页。比如，当单击 top 框架时，就是在设计与编辑 top.html 页面。

（2）如果想要选择所有的框架，则只需要把光标移动到框架与框架之间的分隔线上，等光标的形状变为 ↔ 后单击即可。

（3）如果想要改变框架的尺寸，则只需要把光标移动到框架的边框上，等光标的形状变为双箭头后即可拖动边框，如图 6.4-1 所示。

2）拆分框架

（1）如果想要把框架一分为二，则只需要按住 Ctrl 键不放然后拖动框架的边框即可。

（2）也可以在菜单栏中选择"修改"→"框架集"的下级菜单的选项命令来拆分框架，如图 6.4-2 所示。

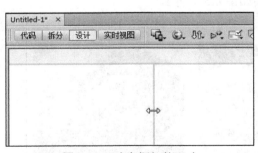

图 6.4-1　改变框架的尺寸

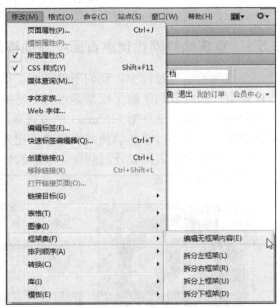

图 6.4-2　拆分框架

菜单栏中"修改"→"框架集"的下级菜单的各项命令的功能如下所述。

拆分左框架：拆分后原框架在新生成的框架的左侧。

拆分右框架：拆分后原框架在新生成的框架的右侧。

拆分上框架：拆分后原框架在新生成的框架的上面。

拆分下框架：拆分后原框架在新生成的框架的下面。

3）删除框架

删除框架的具体操作步骤如下所述。

（1）在菜单栏中选择"查看"→"可视化助理"→"框架边框"命令，将框架边框设置为显示。

（2）将框架边框拖离页面或拖到父框架的边框上。

（3）在经过以上操作后，框架将被成功删除，而余下的框架将自动撑满文档窗口。

提示：如果框架的边框设置为隐藏，那么框架是无法进行拖动并删除的；在删除框架时，要按住鼠标不放一直将要删除的框架边框拖离页面或拖到父框架的边框上才可以。查看"框架"面板可以确认框架是否删除成功。

4）在框架中打开网页

想要在框架中打开一个网页，操作步骤如下所述。

（1）打开"框架"面板，然后单击框架。

（2）在相应的"属性"面板中设置框架中的页面。

（3）在"属性"面板的"源文件"中直接输入框架中的页面的路径和名称，或单击 📁 图标，查找文件的本地路径。

6.5 能力与知识拓展

6.5.1 重庆愉快网找优惠页面中浮动框架的设计与制作

在前面的学习过程中，我们不仅了解了框架页的基本操作，还懂得了如何去设计与制作框架页。同时我们了解了框架是以其独特的链接方式而受到广大网页设计师的喜爱的，而其中就有一种浮动框架（iframe）的方式被广泛使用，现在我们就来学习如何设计与制作浮动框架。本节将以重庆愉快网找优惠页面为案例，学习和掌握浮动框架的设计与制作。重庆愉快网找优惠页面设计与制作完成后的效果如图 6.5-1 所示。

图 6.5-1　重庆愉快网找优惠页面设计与制作完成后的效果

通过观察案例，可以很快地得出我们要设计的重庆愉快网找优惠页面是一个传统的上下布局。在设计与制作框架页时，可以把中间的主体部分都放置在 main 页面中去，然后通过插入 div 设置 CSS 样式来完成整个的布局设计。

步骤一：设置页面属性

将页面字体设置为默认字体，大小设置为 12px，左、右、上、下边距均设置为 0px，然后单击"确定"按钮完成页面属性的设置，为页面确定和统一风格。（与任务 2 相同，这里不再赘述。）

步骤二：创建框架

确定创建一个上方和下方框架。（与任务 2 相同，这里不再赘述。）

步骤三：插入 div

创建一个 div，同时设置 CSS 样式来美化框架的页面效果。（与任务 2 相同，这里不再赘述。）

通过前面 3 个步骤，将设计与制作出重庆愉快网找优惠页面的一个雏形，效果如图 6.5-2 所示。

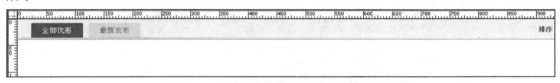

图 6.5-2　重庆愉快网找优惠页面的雏形效果

在完成了重庆愉快网找优惠页面的雏形的设计与制作后，在菜单栏中的"布局"选项卡中找到 ▢ 图标，单击该图标后就可以完成一个浮动框架的创建了，如图 6.5-3 所示。

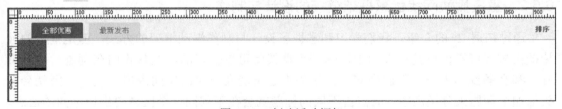

图 6.5-3　创建浮动框架

具体代码如下：

```
<div class= ".main" >
  <iframe></iframe>
</div>
```

在完成这一步以后，选中浮动框架，在代码视图中修改浮动框架的宽度和高度。具体代码如下：

```
<div class= ".main" >
  <iframe width="1011" height="365"></iframe>
</div>
```

然后，还是在代码视图中，设置链接，选择好想要在浮动框架中展示的页面路径，如图 6.5-4 所示。

具体代码如下：

```
<div class= ".main" >
    <iframe width="1011" height="365" src="file:///C/Documents and Settings/
    main01.html">
    </iframe>
</div>
```

这时浮动框架就设计与制作完成了。

图 6.5-4　设置链接

6.5.2　重庆愉快网找优惠框架链接的设计与制作

　　通过拓展 1 的介绍，我们学习和掌握了设计与制作浮动框架的方法，但是框架的独特链接方式可不仅仅是在页面中嵌套一个框架就可以体现的。通常我们在浏览一些网页时，都会遇到如果一个页面中某个区域的内容不能在一定的空间内展示完全，则就会在头部加个标题来分类内容，而点击不同的标题就会在下部同一个区域内出现不同的信息。例如，重庆愉快网找优惠页面，在主体部分中就有"全部优惠"和"最新发布"两个标题来分别展示不同的内容信息。现在，我们就结合重庆愉快网找优惠页面一起来学习框架的链接方式。

步骤一：设置标题文字超链接

　　打开设计与制作完成的重庆愉快网找优惠页面，在页面中选中"全部优惠"标题，首先设置好超链接的 CSS 样式美化效果，然后设置好超链接的地址。在菜单栏中的"常用"选项卡中单击 图标，会弹出"超级链接"对话框，在"链接"文本框中输入想要在浮动框架中展示的页面路径即可，如图 6.5-5 所示。

图 6.5-5 "超级链接"对话框

步骤二：设置浮动框架的 id

在页面中选中浮动框架，然后在"属性"面板中的"ID"文本框中给之前设计与制作的浮动框架输入一个名称 youhuiFrame，如图 6.5-6 所示。

图 6.5-6 设置浮动框架的 id

步骤三：设置标题文字链接绑定浮动框架的 id

在完成了前面的两个步骤后，现在要打开代码视图，并在代码视图中设置绑定浮动框架的 id。首先选中标题文字链接"全部优惠"，然后在<a>标签中输入 target 属性，最后将之前设置好的浮动框架的 id 名称 youhuiFrame 输入进去。具体代码如下：

```
<div class="main a">
    <a href="file:///C/Documents and Settings/main_02.html"  target="youhuiFrame">
    全部优惠</a>
</div>
```

在完成这一步后，重庆愉快网找优惠页面的标题文字链接"最新发布"也是进行上述相同的操作。这时框架链接的设计与制作就完成了。

🖥 小贴士

<frameset>、<iframe>和<frame>标签的含义与区别

框架页有 3 个基本标签，分别是<frameset>、<iframe>和<frame>标签。初学者容易将这三者混淆，下面来介绍这三者的含义与区别。

<frameset>标签：即定义框架集。它被用来组织多个窗口（框架）。每个框架存有独立的文档。在其最简单的应用中，frameset 元素仅仅会规定在框架集中存在多少列或多少行，必须使用列（cols）或行（rows）属性。具体代码如下：

```
<html>
<frameset cols="25%,50%,25%">
  <frame src="frame_a.htm" />
  <frame src="frame_b.htm" />
  <frame src="frame_c.htm" />
</frameset>
</html>
```

<frame>标签：即定义框架。它被用来定义 frameset 元素中的一个特定的窗口。每个框

架都可以设置不同的属性，如边框（border）、滚动条（scrolling）、框架大小（noresize）等。
具体代码如下：

```
<html>
<frameset cols="25%,50%,25%">
  <frame src="frame_a.htm" />
  <frame src="frame_b.htm" />
  <frame src="frame_c.htm" />
</frameset>
</html>
```

<frameset>、<iframe>和<frame>标签的区别

1. <frameset>标签与<frame>标签之间的区别

<frameset></frameset>标签用于划分框架，每一个框架由<frame></frame>标签标记，<frame> </frame>标签必须在<frameset></frameset>标签之内使用。

两者的差别如下：

<frameset>标签为框架标签，说明该网页文档是由框架组成的，并设定该网页文档中组成框架集的框架的布局。

<frame>标签用于设置组成框架集的各个框架的属性。

2. <frame>标签与<iframe>标签之间的区别

<frame>标签与<iframe>标签两者可以实现的功能基本相同，不过<iframe>标签比<frame>标签具有更多的灵活性。

两者的差别如下：

<frame>标签不能脱离<frameset>标签单独使用，而<iframe>标签则可以。

<frame>标签的高度和宽度属性只能通过<frameset>标签来进行控制，而<iframe>标签则可以自己进行控制，不能通过<frameset>标签来进行控制。

<frame>标签的位置只能在<frameset>标签内部，不能随意地变更位置，而<iframe>标签则可以放置在页面中的任意位置，不受<frameset>标签的影响。

总的来说，<frame>标签用于页面整体布局，而<iframe>标签则用于页面局部布局。

附：<iframe>标签即定义浮动框架。它被用来创建包含另外一个文档的内联框架。<iframe>标签包含的属性如表 6.5-1 所示。

表 6.5-1　<iframe>标签包含的属性

属　性	值	描　述
align	left right top middle bottom	不赞成使用。请使用样式代替。 规定如何根据周围的元素来对齐此框架
frameborder	1 0	规定是否显示框架周围的边框
height	pixels %	规定浮动框架的高度

续表

属　　性	值	描　　述
longdesc	URL	规定一个页面，该页面包含了有关浮动框架的较长描述
marginheight	pixels	定义浮动框架的顶部和底部的边距
marginwidth	pixels	定义浮动框架的左侧和右侧的边距
name	frame_name	规定浮动框架的名称
scrolling	yes no auto	规定是否在浮动框架中显示滚动条
src	URL	规定在浮动框架中显示的文档的 URL
width	pixels %	定义浮动框架的宽度

6.6　巩固练习

　　框架页是网页设计中的重要环节，是网页设计与制作的主体类型知识。通过对本项目的学习，我们可以了解到，框架页的优势就是可以快速地统一页面的风格，并通过其独特的链接方式来展示框架页的魅力。但是框架页本身也存在缺陷，就是如果在页面中使用了框架，则搜索引擎很难快速地搜寻到页面，这很不利于网站的推广。所以应用<noframe>标签还可以有效地对页面进行优化，从而使得搜索引擎能够正确索引框架页中的内容信息，突破了框架页无法被搜索引擎正确索引的限制。如果还有读者想深入学习框架页的优化功能，请参照其他参考书，将优化功能融入其中，自己进行深入的学习。

弹出窗口页面的设计与制作

　　利用浮动框架来设计与制作下面的弹出窗口页面，如图 6.6-1 所示。

图 6.6-1　浮动框架效果

步骤一：设计与制作弹出窗口页面

新建一个页面，通过 div 布局，完成弹出窗口页面的设计与制作。

步骤二：创建弹出窗口

打开想要出现弹出窗口的页面，通过创建一个<iframe>标签的浮动框架，在 URL 中设置链接步骤一中新建的页面。

步骤三：设置弹出窗口的行为

在页面的<head>标签中添加 window.open()方法，设置完成弹出窗口的行为，具体代码如下：

```
window.open('./iframe.html', 'name', 'height=300,width=500');
return false;
```

项目7

网页模板设计与制作

在平时上网浏览页面的过程中，我们经常能见到很多大型门户网站的内容页面都是统一的页面布局。通常为了保持整个站点风格的一致性，本站点内的所有页面会采用相同的颜色基调、相同的布局等，甚至某些部分完全相同。也就是说，在一个网站中会有几十甚至几百个布局结构和版式风格相似但网页内容不同的页面，而如果想要修改页面的布局和风格等，就需要对每个页面一一进行更新。但是如果每次都重新设定网页结构及相同栏目下的导航条、各类图标等，就会显得非常麻烦，并且做这种重复劳动的工作，不但效率低而且乏味，那么是否有什么好办法可以通过修改一个页面的设置使得其他的页面都能够自动更新呢？利用 Dreamweaver 系统提供的网页模板技术便可以实现。其实模板的功能就是把网页布局和内容分开，在网页布局设计好后将其存储为模板，这样具有相同布局的页面就可以通过模板来创建，从而能够极大地提高工作效率。

在网页中使用模板具有以下两个优点：

（1）网站内容页面的设计大部分是一致的，当制作完许多内容页面后，如果想要更新网站，一个一个文件地修改显然十分麻烦。其实只要引用模板，就可以轻松构建和更新网站。

（2）首先制作一个简单的页面，并将其制作成模板，然后以模板新建页面，随意输入内容。再次打开模板页并更新模板，则页面也会随之更新。

模板页是网页设计中的主体部分，是网页设计与制作的重点学习知识。本项目可以直观地体现信息内容，通过实例来系统地介绍模板页的基础知识。本项目将以重庆愉快网的内容页面为实例，具体讲解掌握网页模板的编辑与应用的关键步骤。

本项目采用项目教学法，以任务驱动法教学，从而提高大家的学习积极性，充分体现了产教结合的思想目标。

7.1 任务目标

知识目标

1. 掌握模板页中可编辑区域的设置方式。
2. 掌握在模板页的"资源"面板中添加资源的方法。
3. 掌握创建模板页的一般操作。

4．掌握库项目的正确使用方式。

5．掌握整合页面信息的目的。

技能目标

1．能正确使用模板页中可编辑区域的设置与应用。

2．能了解网页模板的编辑与应用的关键步骤。

3．能掌握在模板页的"资源"面板中添加资源的方式。

4．能通过学习模板页的设计，学会整合页面信息，以及达到提高自身审美能力的目的。

5．能懂得整合页面信息的目的。

6．能正确使用库项目。

素质目标

1．培养规范的编码习惯。

2．培养团队的沟通、交流和协作能力。

3．培养学生分析问题、解决问题的能力。

7.2　知识准备

想要学习模板页，就需要先了解什么是模板。其实模板的功能就是把网页的布局和内容分离，在布局设计好后将其存储为模板，这样具有相同布局的页面就可以通过模板来创建，从而把相同的网页结构及栏目下的导航条、各类图标等都保存起来，减少不必要的重复工作。因此能够极大地提高工作效率。

例如，图 7.2-1 所示为重庆愉快网的内容页面，头部是导航和 Logo 区域，单击各个栏目的名称可以进入相应的页面。除了这个页面，其他的内容页面都与此页面布局相同。仔细观察这个页面可以看出，整个页面是一个规则的 div 布局页面，每页的具体内容放在中间左侧最大的 div 中，而周围的元素内容在所有页面中均相同。

而 Dreamweaver 的模板提供了这样的功能，即将网页的布局与内容分离，在布局设计好后将其存储为模板，这样具有相同布局的页面可以通过模板来创建。Dreamweaver 同时提供对布局的保护功能及对所有页面的快速更新功能。

在了解了什么是模板后，我们会发现一个问题——在完成模板的创建后，使用模板对生成同一类的页面将会很方便，但是如果想要修改模板中本身的内容又该怎么办呢？这时就需要了解与模板相对应的知识——资源与库。

图 7.2-1　重庆愉快网的内容页面

7.2.1　资源

所谓资源，就是网页中所用到的或可能用到的各种图像、声音、视频、超级链接和脚本程序等。也可以这么说，就是网页开发中所需要的所有对象都可以称为资源。

Dreamweaver 中具体的资源分为 9 种：图像、颜色、URL、Flash、Shockwave、影片、脚本、模板、库。

注意：如果想要启用"资源"面板，则需要事先建立站点并启用缓存。

而所有资源的使用，都需要通过"资源"面板来完成插入，添加到新建站点的根目录下，统一存放在库中，然后应用到网页中去，如图 7.2.1-1 所示。

7.2.2　库

所谓库，就是用来存放网站中需要重复使用或经常更换的页面元素的地方，也是资源被应用到网页前的集合点。

图 7.2.1-1　"资源"面板

在 Dreamweaver 中可以使用库项目机制来保持站点的一致性，使用库项目可以在文档中快速输入在站点中被重复使用的元素对象。库项目不仅具有使用上的便利，而且具有维护和更新方面的优势。对于重复使用的被定制为库项目的内容，如果需要修改，则不必到使用该内容的页面中一一进行修改，只需要将该库项目进行修改，就可以实现对站点中所有使用该库项目的文档同时进行更新，从而实现风格的统一更新。

可以被定制为库项目的内容，不仅仅限于元素对象，Dreamweaver 可以将文档中的任意内容定制为库项目，使其在其他地方被重复使用。库项目内容的广泛性更让它的使用范围大增，使用起来更加方便上手。

7.2.3　库项目

库项目是一种特殊类型的 Dreamweaver 文件，我们可以将当前网页中的任意页面元素定义为库项目，如图像、表格、文本、声音和 Flash 影片等。当需要使用某个库项目时，直接将其从"资源"面板中拖动到页面中就可以了。在菜单栏中选择"窗口"→"资源"命令即可调出"资源"面板，快捷键是 F11 键，如图 7.2.3-1 所示。

图 7.2.3-1　调出"资源"面板

在调出"资源"面板后，往往会发现库中没有什么内容，这是因为我们还没有向库中添加项目。想要添加项目就必须先选择想要添加的对象，如选中应用重庆愉快网内容页面模板生成的一个新页面，如图 7.2.3-2 所示。

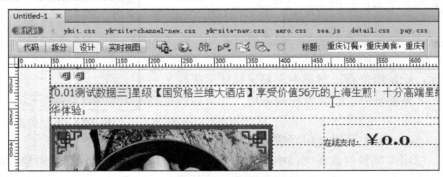

图 7.2.3-2　选中页面

然后通过选择"修改"→"库"→"增加对象到库"命令，就可以把整个通过模板生成的新页面创建为库项目了，如图 7.2.3-3 所示。

在完成了添加库项目的操作后，就可以在新创建的页面中随意地使用库中的资源项目了。在使用库项目时，只需要选中想要应用的项目，然后单击"应用"按钮就可以把项目应用到指定的页面位置了，如图 7.2.3-4 所示。

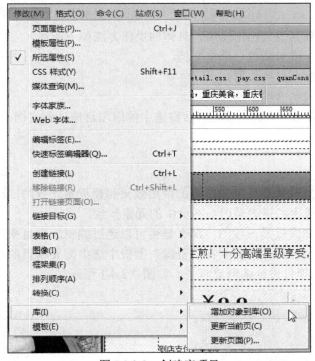

图 7.2.3-3　创建库项目

图 7.2.3-4　"资源"面板中的项目

1．创建库项目

总结起来，在使用库项目之前，首先需要创建库项目。创建库项目一般有两种方法：

方法一：

（1）打开一个文档。

（2）在菜单栏中选择"窗口"→"资源"命令，调出"资源"面板。

（3）单击"资源"面板左侧的 📖图标，将"资源"面板切换到"库"面板，可以看到在创建库项目之前库中的内容是空的。

（4）选中需要创建为库项目的内容，这里选择一张图片。

（5）将选定的对象拖动到"库"面板中。

（6）返回"库"面板中，可以看到刚才创建的库项目，刚刚创建的库项目的名称处于可编辑状态，可以为库项目重命名。

　　在"库"面板中可以看到库项目的名称、大小和完整路径等属性。在资源管理器中访问 MyFirstSite 站点文件夹，可以看到在站点根目录下新建了一个 Library 文件夹，用于放置库项目，刚才创建的库项目被保存到该文件夹下，文件名为 lib1.lbi。

　　方法二：

（1）首先在文档中选择需要创建为库项目的内容，然后单击"资源"面板右下方的 ➕图标。

（2）或者首先在文档中选择需要创建为库项目的内容，然后在菜单栏中选择"修改"→

"库" → "增加对象到库"命令。

2．插入库项目

对于创建好的库项目，可以插入到其他文档中使用，具体的操作方法如下所述。

（1）打开需要插入库项目的文档，或者新建一个空文档。

（2）将光标置于文档中需要插入库项目的位置。

（3）在"库"面板中选中需要插入到文档中的库项目。

（4）单击"库"面板左下方的"应用"按钮，或者直接将选中的库项目拖动到文档中。

7.2.4　编辑库项目

在具体设计与制作时，我们就会发现库项目中的资源的使用效果和模板是一致的，这就需要我们在学习模板页时注重库项目中的资源是否与网页中的元素一致。

既然库项目中的资源的使用效果和模板是一致的，那么是否可以通过编辑库项目来修改之前已经应用过的页面呢？答案是可以的。只需要在"资源"面板中选中需要编辑的库项目，然后单击 图标，就可以对库项目进行编辑更新了，如图 7.2.4-1 所示。

图 7.2.4-1　编辑库项目

比如，现在选中一个添加到库中的页面，单击 图标后就直接进入了模板页中，然后对模板页中的内容信息或图片进行修改替换，保存后退出。这时库中的页面就编辑修改完成了，如图 7.2.4-2 所示。

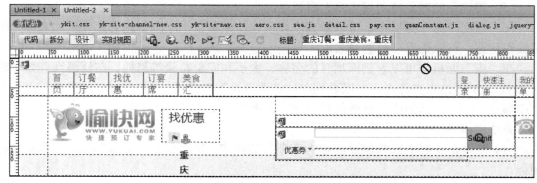

图 7.2.4-2　库中的页面编辑修改完成后的效果

7.3 重庆愉快网内容页面设计与制作任务实施

 任务陈述

本任务的主要内容是使用模板页来设计与制作重庆愉快网内容页面。通过模板的特性可以快速地制作出相同页面布局架构的同类型页面。

在进行任务项目之前，先来了解模板页的一些基本属性。使用 Dreamweaver CS6 可以创建和设计与制作模板页。一般的模板页分为可编辑区域和不可编辑区域两个主要的部分。可编辑区域就是页面中可以修改的部分，可以根据每一个不同信息的页面进行内容修改。而不可编辑区域就是为了保持页面风格统一，不可以修改内容信息的部分，其中包括 Logo、导航、功能区域等部分。当然，也可以使用 Dreamweaver CS6 中自带的一些模板效果，这样可以方便我们在设计与制作模板页时更简便、快捷和有效率，如图 7.3-1 所示。

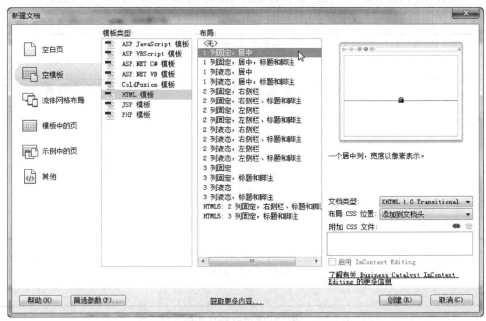

图 7.3-1 新建空模板

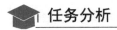 **任务分析**

在前文任务陈述中，我们大体地了解了这个任务的性质与所要注意的知识点，可以得出对重庆愉快网内容页面的一个具体分析。

（1）**网站主题**：电子商务网站——重庆愉快网内容页面。

（2）**网页结构**：上—左右。

（3）**色彩分析**：本案例以白色为主，辅以红色和橙黄色。跳跃的红色充满活力，富有激情和现代节奏，突出商业功能和产品销售。

（4）**网站特点**：本案例主要设计与制作重庆愉快网内容页面的各个板块，从而使用户可以在内容页面中浏览了解自己想要获取的信息和内容，达到用户浏览页面的目的。

（5）**设计思想**：要突出本页面的展示功能，让用户可以清晰地了解页面内容信息的详细资料，使用户可以获取自己想要的信息，如图 7.2-1 所示。

任务规划

在分析完重庆愉快网内容页面后，可以确定几个实施的关键任务，然后结合绘制重庆愉快网内容页面线框结构图的分析理解，可以很直观地了解到设计与制作重庆愉快网内容页面的流程的任务划分。

（1）新建站点，使所有文件和图片等元素保证正确的链接路径。

（2）新建模板页，完成页面的整体布局。

（3）设置模板页的基本属性，设计与制作完成整个重庆愉快网内容页面。

重庆愉快网内容页面线框结构图如图 7.3-2 所示。

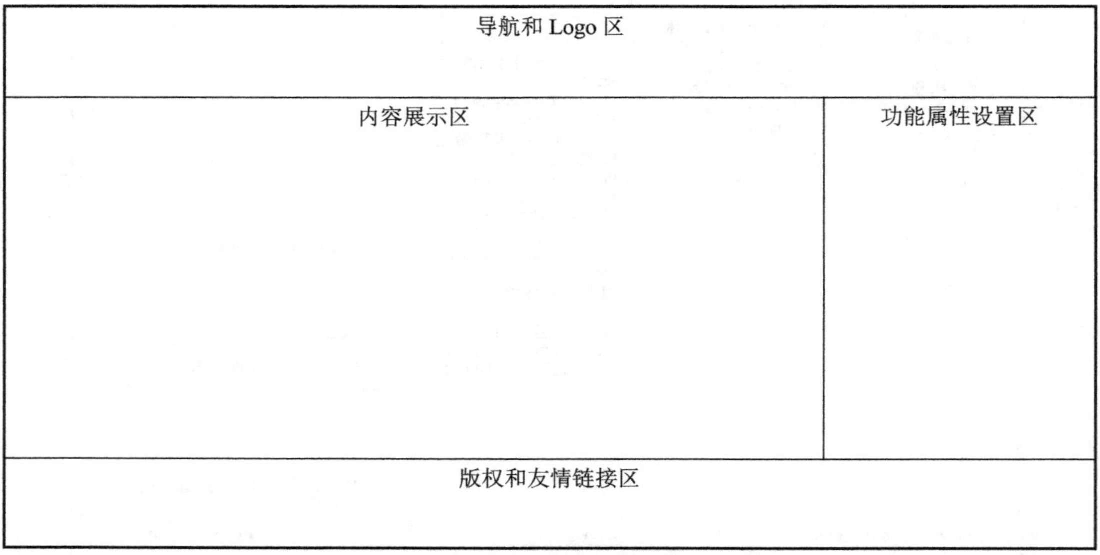

导航和 Logo 区	
内容展示区	功能属性设置区
版权和友情链接区	

图 7.3-2　重庆愉快网内容页面线框结构图

任务 1：分析、设计与制作内容页面的布局

步骤一：新建重庆愉快网内容页面站点

请参照学习项目 5 中的内容，这里不再赘述。

步骤二：设置页面属性

在底部"属性"面板中单击"页面属性"按钮，在弹出的"页面属性"对话框中进行页面整体风格的设置，如图 7.3-3 所示。

图 7.3-3　"属性"面板

将页面字体设置为默认字体，大小设置为 12px，左、右、上、下边距均设置为 0px，然后单击"确定"按钮完成页面属性的设置，如图 7.3-4 所示。

图 7.3-4　"页面属性"对话框

步骤三：完成 div 布局

通过前文的分析，我们了解了整个重庆愉快网内容页面的页面布局是一个头部导航部分和底部版权部分固定、中间内容部分左右分布的结构布局。针对这一结构布局，可以采用 div 布局来完成设计。

所以在设计与制作时，在插入栏中单击"布局"选项卡中的"标准"按钮，将工具栏切换为布局标准形式，如图 7.3-5 所示。

图 7.3-5　布局标准形式

然后单击 ▦ 图标，确定完成制作 div 布局，最终效果如图 7.3-6 所示。

在完成整个页面的布局后，我们依次设计完成导航和 Logo 区、内容展示区、功能属性设置区、版权和友情链接区，一步一步通过 CSS 样式来完成重庆愉快网内容页面的设计与制作（详情请参考项目 6 中的内容，这里不再赘述）。重庆愉快网内容页面设计与制作完成后的效果如图 7.3-7 所示。

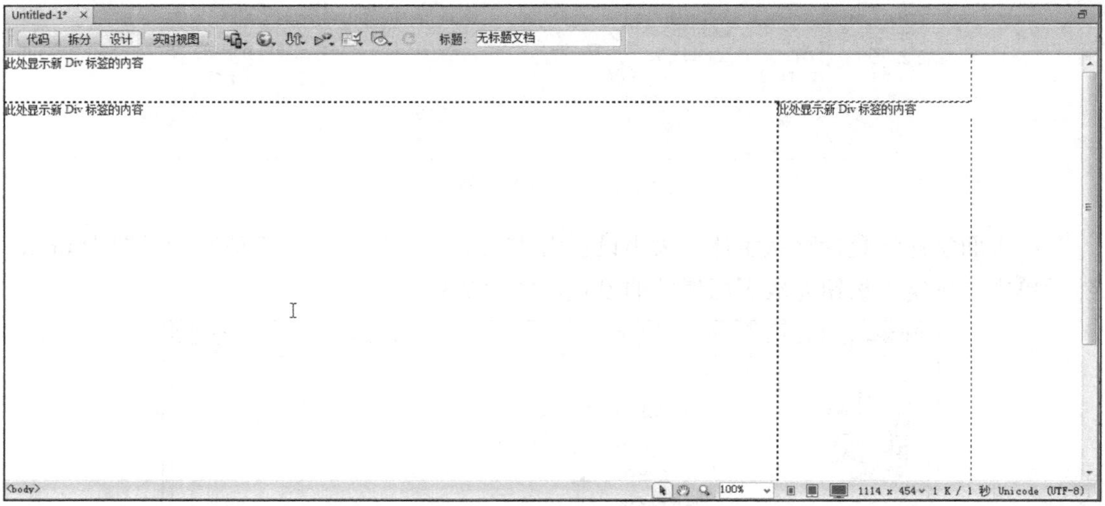

图 7.3-6　div 布局最终效果

图 7.3-7　重庆愉快网内容页面设计与制作完成后的效果

步骤四：完成保存模板页

在完成重庆愉快网内容页面的设计与制作后，一般都要保存页面。但是这时会发现，如果按照之前的保存方法，则只能保存单一的一个页面，没有起到模板的作用。

这时可以在 Dreamweaver CS6 的菜单栏中选择"文件"→"另存为模板"命令，快捷键是 Ctrl+M 组合键，如图 7.3-8 所示。

在选择"另存为模板"命令后，会弹出一个"另存为模板"对话框，该对话框要求我们把页面保存到之前新建的站点中。然后根据对话框的信息提示，可以设置重庆愉快网内容页面的一些属性。比如，给我们设计与制作完成的页面设置一个名称，方便以后使用时调用，如图 7.3-9 所示。

然后依次把设计与制作完成的重庆愉快网内容页面中的相关图片和 CSS 样式都保存到

与站点对应的文件夹中，如图 7.3-10 所示。

图 7.3-8 保存模板页

图 7.3-9 设置模板的名称

图 7.3-10 将相关图片和 CSS 样式保存到与站点对应的文件夹中

这时我们就完成重庆愉快网内容页面的模板页的保存了，其扩展名为.dwt。在保存好后，可以在 Dreamweaver CS6 右下角的"文件"面板中找到站点中的 Templates 文件夹，所有的与重庆愉快网内容页面相关的资料都在里面。以后想要更改模板页中的图片或 CSS 样式，直接把 Templates 文件夹中的相应内容替换就可以了，如图 7.3-11 所示。

在完成模板页的保存后，就可以在新建页面时使用我们自己设计与制作完成的模板了。这时，在菜单栏中选择"文件"→"新建"命令，在弹出的"新建文档"对话框中选择"模板中的页"标签，在里面就会找到我们保存好的模板，然后单击"创建"按钮就会生成一个新的同类型的重庆愉快网内容页面了，如图 7.3-12 所示。

图 7.3-11 "文件"面板

图 7.3-12　应用保存好的模板创建新页面

小贴士

Templates 文件夹的注意事项：

通过之前的介绍，我们知道了保存的模板都是保存在 Templates 文件夹中的，如果想要更改模板中的内容，则可以通过替换 Templates 文件夹中的元素来完成。所以不要将模板从 Templates 文件夹中移走，或者将一些非模板文件放进 Templates 文件夹中。当然更不要将 Templates 文件夹移动到本地根目录之外，这些做法都会导致模板的路径错误。

Dreamweaver CS6 中自带的模板使用方法：

通过之前的介绍，我们掌握了如何新建一个页面并把它另存为模板。但是在 Dreamweaver CS6 中已经提供了一些现成的模板供我们使用，通过使用这些模板，可以提高设计与制作页面的效率。

使用这些模板创建新页面通常有 3 个步骤：

① 在菜单栏中选择"文件"→"新建"命令，弹出"新建文档"对话框。

② 选择"空白页"标签，在"页面类型"列表框中选择"HTML 模板"选项；或者选择"空模板"标签，在右侧"页面类型"列表框中选择"HTML 模板"选项。如图 7.3-13 所示。

③ 单击"创建"按钮，空白模板会在"文档"窗口中打开，在此可以添加文本、图像、表格和其他页面元素。

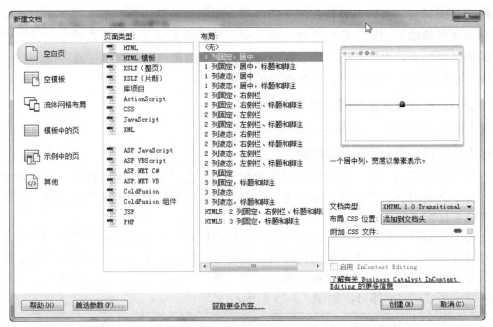

图 7.3-13　应用 Dreamweaver CS6 中现成的模板创建新页面

任务 2：设计与制作网页可编辑区域

在任务 1 中，我们学习和掌握了如何创建和设计与制作一个模板页。但是当通过在菜单栏中选择"文件"→"新建"命令，然后在弹出的"新建文档"对话框中选择"模板中的页"标签来新建一个页面时，会突然发现，整个页面都是灰色的，我们不能通过任何方式来完成编辑！这是怎么回事呢？如图 7.3-14 所示。

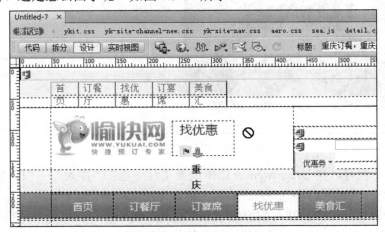

图 7.3-14　新建页面的效果

其实，主要的原因是我们在保存重庆愉快网内容页面时，没有设置页面的可编辑区域，所以保存的模板就将被警告目前模板中不包含任何可编辑区域。虽然可以强行保存重庆愉快网内容页面模板，也可以直接在源文档中修改重庆愉快网内容页面模板，但是在新创建的页面中就不能修改应用了重庆愉快网内容页面模板的文档了，直到在模板的源文档中创建可编辑区域为止，这时我们才能在新创建的页面中编辑里面的内容信息。

现在我们就来学习如何设计与制作可编辑区域。

步骤一：创建重庆愉快网内容页面的模板页

请参照学习任务 1 中的内容，这里不再赘述。

步骤二：设计与制作可编辑区域

一旦创建了模板，就需要指定模板中的哪个部分为可编辑区域，以便在其中添加更改内容。在默认情况下，整个模板处于锁定状态，这是因为模板的主要功能是使所有页面的布局和风格保持统一。

在设计与制作可编辑区域时，需要先把鼠标指针移动到我们想要设置成为可以添加变更内容的区域中。比如，在重庆愉快网内容页面中，我们想要保持头部导航和 Logo 区域、右侧功能属性设置区域、底部版权和友情链接区域中的内容不变，只需要使用鼠标点击左侧内容展示区域的 div 即可，如图 7.3-15 所示。

图 7.3-15　可编辑区域的效果

然后，我们就可以在 Dreamweaver CS6 的菜单栏中选择"插入"→"模板对象"→"可编辑区域"命令，快捷键是 Ctrl+Alt+V 组合键，如图 7.3-16 所示。

紧接着会弹出一个"新建可编辑区域"对话框，我们可以在这个对话框中设置可编辑区域的名称，方便以后查找与修改。默认的名称为 EditRegion3:，我们现在将其修改为 write，如图 7.3-17 所示。

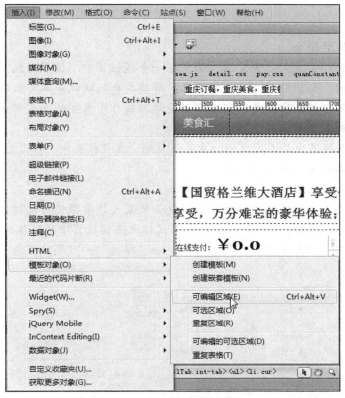

图 7.3-16 创建可编辑区域

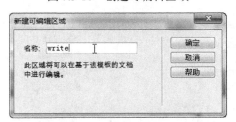

图 7.3-17 设置可编辑区域的名称

在单击"确定"按钮后，打开代码视图，可以很快地找到生成可编辑区域的代码，代码如下：

```
<!-- TemplateBeginEditable name="write"-->
    <div class="detailed_left">
            <div class="introduce">
                <input type="hidden" id="user_pin" value=''>
                <input type="hidden" id="coupon_id" value='2048'>
                …
            </div>
    </div>
<!-- TemplateEndEditable -->
```

最后保存整个模板页，这时我们就完成模板页中可编辑区域的设计与制作了。

💻 **小贴士**

不可编辑区域的概念：

通过之前的介绍，我们就会发现，如果在一个模板页中不设置可编辑区域，那么在应用模板生成页面时，会出现不可操作的现象。那些灰色区域就是不可编辑区域。与可编辑区域不同的是，不可编辑区域是我们在网页设计与制作中希望的某些部分是不进行更新修改的，而且是结构不变的。

同时，不可编辑区域是不用我们特意去设置的。在模板页中，当设置了可编辑区域后，保存模板，不可编辑区域就自动生成了。

如何删除可编辑区域：

我们学习了设置可编辑区域的方法，但是如果某天想要撤销可编辑区域时，应该怎么删除可编辑区域呢？这时，我们可以首先使用鼠标点击模板页中的可编辑区域的 div，然后在 Dreamweaver CS6 的菜单栏中选择"修改"→"模板"→"删除模板标记"命令即可，如图 7.3-18 所示。

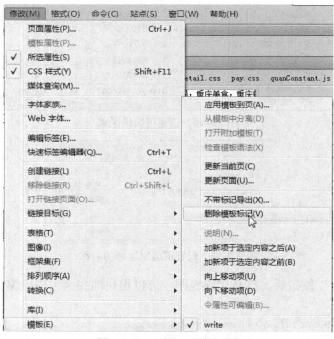

图 7.3-18　删除可编辑区域

任务 3：通过模板页来设计与制作同类型的内容页面

通过之前任务 1 与任务 2 的学习，我们已经基本掌握了如何设计与制作模板页的知识，也了解了设置可编辑区域的方法。现在我们就来介绍如何通过模板页来设计与制作完成其他同类型的内容页面，来熟悉模板的操作。页面效果分别如图 7.3-19 与图 7.3-20 所示。

图 7.3-19　重庆愉快网内容页面 1

图 7.3-20　重庆愉快网内容页面 2

步骤一：通过重庆愉快网内容页面的模板页生成新页面

通过重庆愉快网内容页面的模板页生成新页面的两种方法如下所述。

方法一：在菜单栏中选择"文件"→"新建"命令，在弹出的"新建文档"对话框中选择"模板中的页"标签，接着在"站点"列表框中选择"web"选项，然后在右侧"站点'web'中的模板"列表框中选择"yukuaiwang"选项，如此重复操作两次，如图 7.3-21所示。

方法二：新建两个空白页，然后在菜单栏中选择"修改"→"模板"→"应用模板到页"命令，如图 7.3-22 所示。

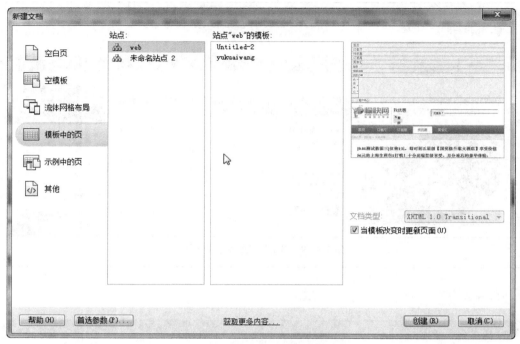

图 7.3-21 应用模板创建新页面 1

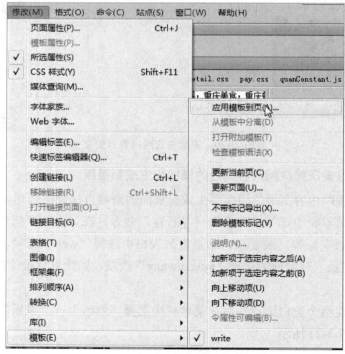

图 7.3-22 应用模板创建新页面 2

然后，在弹出的"选择模板"对话框中选择重庆愉快网内容页面的模板 yukuaiwang，如图 7.3-23 所示。

图 7.3-23　选择模板

通过以上两种方法，可以很快地完成新页面的生成，大大地提高了我们设计与制作其他同类型页面的效率。

步骤二：编辑模板页可编辑区域的信息

在完成步骤一后，基本可以生成一个左侧内容展示区为空白，头部导航和 Logo 区域、右侧功能属性设置区域、底部版权和友情链接区域不变的页面，如图 7.3-24 所示。

图 7.3-24　模板页可编辑区域的效果

然后，在可编辑区域中添加相应的文字信息和图片等元素（具体步骤请参照项目 2，这里不再赘述），最终效果如图 7.3-25 所示。

最后，我们执行同样的操作，完成另外一个重庆愉快网内容页面的设计与制作。

图 7.3-25　可编辑区域的最终效果

7.4　任务总结

1. 更新模板

通过之前的学习，我们知道当想要更新模板的内容信息，尤其是不可编辑区域中的内容信息时，可以找到站点中的 Templates 文件夹，更新替换里面的元素就可以了。

但是在实际应用中，如果只是通过替换更改 Templates 文件夹中的信息元素来修改页面，会发现很不方便。所以我们在创建模板后，如果对模板中的某些部分不满意，则可以直接修改模板页。在修改完成并保存时，Dreamweaver CS6 会弹出"更新模板文件"对话框，提示是否更新站点中基于该模板创建的网页文档，单击"更新"按钮就可以更新基于该模板创建的所有网页了。而如果单击"不更新"按钮，则只保存模板页的内容信息而不更新基于该模板创建的页面，即只应用于模板页，而不影响其他应用模板生成的页面。

具体的操作步骤：在打开的当前基于模板创建的页面中，选择"修改"→"模板"→"打开附加模板"命令，这样我们就能很快打开附加的模板页的源文件了，如图 7.4-1 所示。

然后，根据具体的设计要求，把不可编辑区域中的内容信息进行修改替换，如把重庆愉快网内容页面的 Logo 图片进行更换。最后，通过在菜单栏中选择"文件"→"保存"命令来保存模板。在弹出的"更新模板文件"对话框中单击"更新"按钮就可以把修改后的模板应用到全部页面了，如图 7.4-2 所示。

图 7.4-1　打开附加模板

当然，我们也可以在接着弹出的"更新页面"对话框中，根据具体的情况选择部分页面进行更新，如图 7.4-3 所示。

图 7.4-2　"更新模板文件"对话框

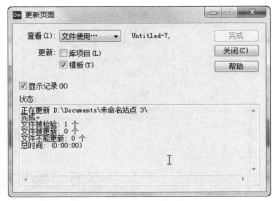

图 7.4-3　"更新页面"对话框

这时，我们对于模板页的更新就完成了。还有其他的一些更新模板页的方法，在这里我们只介绍这一种。在以后的学习和工作中，读者也可以慢慢地发掘适合自己的更新模板页的方法。

2．分离模板

在设计与制作基于模板生成的页面的过程中，当我们不想要更新模板的大体内容信息，只是想要替换模板页不可编辑区域中的某个元素，并单独保存这个页面时，采用更新模板的方式来完成页面的设计与制作就很不方便和科学了。这时，我们可以通过模板的另一个功能来实现这个效果，即分离模板。

所谓分离模板，就是当我们需要对网页中的不可编辑区域进行编辑时的一个方法。可以直接将网页文档与模板分离。分离后的文档就变成了一个普通的网页文档，可以像编辑普通的网页一样对其进行设计与制作，但是在更新完模板后，分离出去的网页就无法自动更新了。

具体的操作步骤：在打开的当前基于模板创建的网页中，选择"修改"→"模板"→"从模板中分离"命令，就可以使网页从模板中分离了，如图 7.4-4 所示。

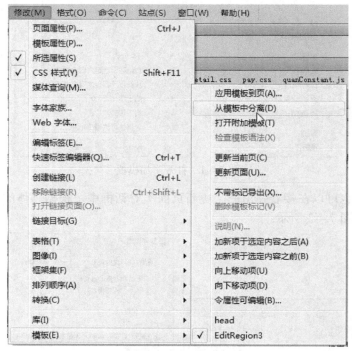

图 7.4-4　分离模板

7.5　能力与知识拓展

使用"库"面板可以编辑库项目的内容。

1．重命名库项目

对于创建的库项目，可以为其重命名。在"库"面板中单击库项目的名称，则库项目处于可编辑状态，为库项目输入新的名称 lib，刷新后会打开"更新文件"对话框。

如果想要更新站点中所有使用该库项目的文档，则可以单击"更新"按钮；如果想要避免更新任何使用该库项目的文档，则可以单击"不更新"按钮。

在代码视图中也可以直接更新文件，将 lib.htm 文件切换到代码视图，可以看到刚刚创

建的库项目,与以前的网页相比,含有库项目的网页在\<body\>和\</body\>标签之间增加了如下代码:

```
<!-- #BeginLibraryItem "/Library/Untitled.lbi" -->
<img src="images/compass_logo.gif" width="250" height="40" border="0">
<!-- #EndLibraryItem -->
```

将以上代码中的 Untitled 更改为 lib,即可手动更新页面文档。

2. 编辑库项目

在菜单栏中选择"窗口"→"属性"命令,打开"属性"面板,可以看到"属性"面板由图像的属性项变为库项目的属性项。

被定义为库项目的含有链接的图像就不再能够通过该"属性"面板设置属性了,如果想要编辑库项目的内容,则必须将库项目打开。

可以通过以下几种方法打开库项目。

- 在"库"面板中,选中需要打开的库项目,然后单击"编辑"按钮。
- 在"库"面板中,双击需要打开的库项目。
- 在文档中选中库项目,然后在库项目"属性"面板中单击"打开"按钮。

在打开的库项目文档中,选中库项目文档中的内容,比如,选择文档中的图像,则"属性"面板会展示出图像的属性项,在"属性"面板中可以设置该图像的属性。当然,也可以在库项目文档中插入其他的图像或文本。在编辑完成后,选择"文件"→"保存"命令,将库项目保存,这时会弹出"更新库项目"对话框。

单击"更新"按钮,将会更新列出的使用库项目的文档。在更新完毕后,会弹出"更新页面"对话框,汇报更新页面的情况。单击"关闭"按钮,完成更新操作。

3. 更新整个站点或所有使用特定库项目的文档

如果想要更新整个站点或所有使用特定库项目的文档,则操作方法如下所述。

(1)在菜单栏中选择"修改"→"库"→"更新页面"命令,弹出"更新页面"对话框。

(2)在"查看"下拉列表中执行下列操作之一。

选择"整个站点"命令,然后从相邻的弹出式菜单中选择站点名称。这会更新所选站点中的所有页面,使其使用所有库项目的当前版本。

选择"文件使用"命令,然后从相邻的弹出式菜单中选择库项目名称。这会更新当前站点中使用所选库项目的页面。

(3)确保在"更新页面"对话框中的"更新"选区中勾选了"库项目"复选框。

(4)单击"开始"按钮,Dreamweaver CS6 会按照指示更新文件。如果勾选了"显示记录"复选框,则 Dreamweaver CS6 将提供关于它试图更新的文件的信息,包括它们是否成功更新的信息。

4. 删除库项目

如果想要从库中删除库项目,则操作方法如下所述。

(1)在"资源"面板中,单击面板左侧的 📖 图标。

（2）选择想要删除的库项目，单击底部的 🗑 图标，或者按下 Delete 键，然后确认想要删除的库项目。

5．分离库项目

如果想要将库项目从源文件中分离出来，则可以按照如下步骤操作。

（1）选中想要与文档分离的库项目。

（2）在菜单栏中选择"窗口"→"属性"命令，打开"属性"面板，在"属性"面板中单击"从源文件中分离"按钮，将会弹出警告信息对话框。该对话框提示用户如果确定要将该库项目从源文件中分离，则当库项目的源文件被改变时，它将不会自动更新，同时从源文件中分离出的库项目将变得可编辑。

7.6　巩固练习

利用模板来设计与制作个人网站的相册页面和留言页面

模板页是网页设计中不可或缺的一部分，也是网页设计与制作基础中的重要知识。通过对本项目的学习，我们可以了解到，模板的优势就是使风格统一的页面可以快速地生成和批量修改，通过其独特的编辑修改方式来体现模板的魅力。如果还有读者想要深入学习模板的功能，请参照其他参考书，自己进行深入的学习。

利用模板来设计与制作个人网站的相册页面和留言页面，如图 7.6-1 和图 7.6-2 所示。

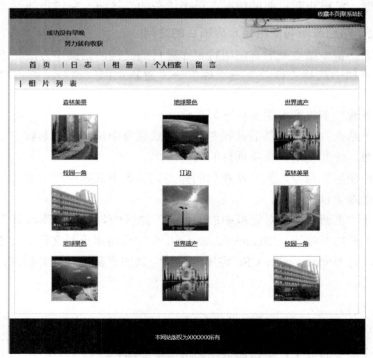

图 7.6-1　个人网站的相册页面

图 7.6-2　个人网站的留言页面

步骤一：分析网页布局框架

分析个人网站的相册页面和留言页面，发现两个页面很大的共性就是布局大致相同，只有中间的内容部分有区别，因此可以利用模板来完成两个页面的设计与制作。

步骤二：新建站点，制作模板

新建站点，将两个页面的共性内容进行编辑，页面的不同内容处设置为可编辑区域，并创建模板。

步骤三：利用模板制作页面

利用模板，根据新生成的页面的具体要求，在可编辑区域中编辑修改想要变更的内容信息和图片资料。

项目8

网页表单设计与制作

相信大家对表单都不会陌生，我们在银行里填写过存款单，在商店里填写过购物单，在邮局里填写过包裹单，可以说生活中的表单无处不在。当今网络盛行，网络技术已经应用于我们的衣、食、住、行等方面。表单的填写也从最初的手写式，上升到计算机操作的范畴。网页表单主要是为了实现浏览网页的用户与 Internet 服务器之间的交互。比如，当下十分流行的淘宝网，当我们注册新用户时需要用到表单，当我们使用支付宝时也会用到表单。还有，当我们登录微博、发表评论时都会用到表单实现交互。还记得申请免费 E-mail 的经历吗？只有在网页上输入自己的个人信息，才能获得免费的 E-mail 地址，在登录自己的邮箱时，必须先在网页中输入自己的账号和密码，这些都是表单的具体应用。

与此同时，表单页是网页的重要组成部分，是网页设计不可缺少的元素。本项目可以直观地体现信息内容，通过实例来系统地介绍表单项的基础知识。在网页中设置合理的表单布局是网页制作的基本技能。

本项目将以愉快网的注册表单页面为实例，具体讲解表单项中的文本框、密码框、单选按钮、复选框与提交按钮等在表单页面的实际设计与制作中的运用。本项目采用项目教学法，以任务驱动法教学，从而提高大家的学习积极性，充分体现了产教结合的思想目标。

8.1　任务目标

知识目标

1. 掌握表单的交互作用与表单在网页中的使用方法。
2. 掌握在网页中插入表单的一般操作应用。
3. 掌握正确设置表单信息的方式。
4. 掌握表单的合理性设计原则。
5. 掌握表单数据的收集与设置方法。

技能目标

1. 能正确控制表单的参数设置。
2. 能了解各个表单项的概念与意义。
3. 能掌握文本框、密码框、单选按钮、复选框与提交按钮等表单项在 Dreamweaver CS6 中添加的方法与运用。

4．能通过学习网页表单的设计，学会表单页面整体的设计与制作流程。

5．能懂得正确收集与反馈表单项的需求和意见。

素质目标

1．培养规范的编码习惯。

2．培养团队的沟通、交流和协作能力。

3．培养学生精益求精的工匠精神。

8.2 知识准备

本项目介绍的主要内容是表单。在任务实施时，我们必须了解什么是表单，表单在网页中主要负责数据采集功能。一个表单有 3 个基本组成部分：表单标签、表单域和表单按钮。其中，表单标签包含了处理表单数据所用 CGI 程序的 URL 及将数据提交到服务器中的方法；表单域包含了文本框、多行文本框、密码框、隐藏域、复选框、单选按钮、文件上传框和下拉选择框等；表单按钮包含了提交按钮、重置按钮和一般按钮，用于将数据传送到服务器上的 CGI 脚本中或取消输入，还可以使用表单按钮来控制其他定义了处理脚本的处理工作。

8.2.1 表单标签

1．表单标签

```
<form></form>
```

2．功能

表单标签用于声明表单，定义采集数据的范围，也就是<form>和</form>标签中包含的数据将被提交到服务器或电子邮件中。

3．语法

```
<form action="URL" method="get|post" enctype="mime" target="…">…</form>
```

属性解释如下：

action="URL"：用来指定处理提交表单的格式，它的值可以是一个 URL（提交给程序）或一个电子邮件地址。

method="get|post"：用来指明提交表单的 HTTP 方法，可能的值为 post 和 get。其中，post 方法在表单的主干包含名称/值对，并且无须包含于 action 属性的 URL 中；get 方法把名称/值对加在 action 属性的 URL 后面，并且将新的 URL 送到服务器，这是向前兼容的默认值，但是由于国际化的原因，不赞成使用这个值。

enctype="mime"：用来指明将表单提交给服务器时（当 method 的值为 post 时）的互联网媒体形式，这个属性的默认值是 application/x-www-form-urlencoded。

target="…"：用来指定提交的结果文档显示的位置，可能的值为_blank、_self、_parent

和_top。其中，_blank 表示在一个新的、无名浏览器窗口调入指定的文档；_self 表示在指向这个目标的元素的相同的框架中调入文档；_parent 表示把文档调入当前框架的父框架中，这个值在当前框架没有父框架时等价于_self；_top 表示把文档调入原来的顶部的浏览器窗口中（因此取消所有其他框架），这个值在当前框架没有父框架时等价于_self。

常见的表单标签如表 8.2.1-1 所示。

表 8.2.1-1　常见的表单标签

标　　签	描　　述
\<form\>	定义供用户输入的表单
\<input\>	定义输入域
\<textarea\>	定义文本域（一个多行的输入控件）
\<label\>	定义一个控制的标签
\<fieldset\>	定义域
\<legend\>	定义域的标题
\<select\>	定义一个选择列表
\<optgroup\>	定义选项组
\<option\>	定义下拉列表中的选项
\<button\>	定义一个按钮
\<isindex\>	已经废弃。由\<input\>标签代替

8.2.2　表单域

表单域包含了文本框、多行文本框、密码框、隐藏域、复选框、单选按钮和下拉选择框等，用于采集用户输入或选择的数据。下面分别讲述这些表单域的代码格式。

1. 文本框

文本框是一种让访问者自己输入内容的表单对象，通常被用来填写单个字或简短的回答，如姓名、地址等。代码格式如下：

```
<input type="text" name="…" size="…" maxlength="…" value="…">
```

属性解释如下：

type="text"：定义单行文本输入框。

name：定义文本框的名称，如果想要保证数据的准确采集，则必须定义一个独一无二的名称。

size：定义文本框的宽度，单位是单个字符宽度。

maxlength：定义最多输入的字符数。

value：定义文本框的初始值。

示例代码如下：

```
<input type="text" name="example1" size="20" maxlength="15">
```

2. 多行文本框

多行文本框也是一种让访问者自己输入内容的表单对象，只不过能让访问者填写较长的内容。代码格式如下：

```
<textarea name="…" cols="…" rows="…" wrap="virtual"></textarea>
```

属性解释如下：

name：定义多行文本框的名称，如果想要保证数据的准确采集，则必须定义一个独一无二的名称。

cols：定义多行文本框的宽度，单位是单个字符宽度。

rows：定义多行文本框的高度，单位是单个字符高度。

wrap：定义当输入内容大于文本域时的显示方式，可选值如下：

- 默认值是文本自动换行，当输入的内容超过文本域的右边界时会自动转到下一行，而数据在被提交处理时自动换行的地方不会有换行符出现。
- off：用来避免文本换行，当输入的内容超过文本域的右边界时，文本将向左滚动，必须使用 Return 才能将插入点移到下一行。
- virtual：允许文本自动换行，当输入的内容超过文本域的右边界时会自动转到下一行，而数据在被提交处理时自动换行的地方不会有换行符出现。
- physical：让文本换行，当数据被提交处理时换行符也将被一起提交处理。

示例代码如下：

```
<textarea name="example2" cols="20" rows="2" wrap="physical"></textarea>
```

3. 密码框

密码框是一种特殊的文本域，用于输入密码。当访问者输入文字时，文字会被星号或其他符号代替，而输入的文字则会被隐藏。代码格式如下：

```
<input type="password" name="…" size="…" maxlength="…">
```

属性解释如下：

type="password"：定义密码框。

name：定义密码框的名称，如果想要保证数据的准确采集，则必须定义一个独一无二的名称。

size：定义密码框的宽度，单位是单个字符宽度。

maxlength：定义最多输入的字符数。

示例代码如下：

```
<input type="password" name="example3" size="20" maxlength="15">
```

4. 隐藏域

隐藏域是用来收集或发送信息的不可见元素，对于网页的访问者来说，隐藏域是看不见的。当表单被提交时，隐藏域就会使用设置时定义的名称和值将信息发送到服务器上。代码格式如下：

```
<input type="hidden" name="…" value="…">
```

属性解释如下：

type="hidden"：定义隐藏域。

name：定义隐藏域的名称，如果想要保证数据的准确采集，则必须定义一个独一无二的名称。

value：定义隐藏域的值。

示例代码如下：

```
<input type="hidden" name="expws" value="dd">
```

5. 复选框

复选框允许在待选项中选中一项以上的选项。每个复选框都是一个独立的元素，都必须有一个唯一的名称。代码格式如下：

```
<input type="checkbox" name="…" value="…">
```

属性解释如下：

type="checkbox"：定义复选框。

name：定义复选框的名称，如果想要保证数据的准确采集，则必须定义一个独一无二的名称。

value：定义复选框的值。

示例代码如下：

```
<input type="checkbox" name="yesky" value="09">xxxcom
<input type="checkbox" name="chinaByte" value="08">
```

6. 单选按钮

当需要访问者在待选项中选择唯一的答案时，就需要用到单选按钮了。代码格式如下：

```
<input type="radio" name="…" value="…">
```

属性解释如下：

type="radio"：定义单选按钮。

name：定义单选按钮的名称，由于单选按钮都是以组为单位使用的，因此如果想要保证数据的准确采集，则在同一组中的单选按钮都必须使用同一个名称。

value：定义单选按钮的值，在同一组中，它们的域值必须是不同的。

示例代码如下：

```
<input type="radio" name="myFavor" value="1">
<input type="radio" name="myFavor" value="2">
```

7. 文件上传框

有时用户需要上传自己的文件。文件上传框看上去和其他文本框差不多，只是它还包含了一个浏览按钮。访问者可以通过输入需要上传的文件的路径或单击浏览按钮选择需要上传的文件。

注意：在使用文件域之前，请先确定自己的服务器是否允许匿名上传文件。表单标签中必须设置 enctype="multipart/form-data"来确保文件被正确编码。另外，表单的传送方式必须设置成 post。

代码格式如下：

```
<input type="file" name="…" size="15" maxlength="100">
```

属性解释如下：

type="file"：定义文件上传框。

name：定义文件上传框的名称，如果想要保证数据的准确采集，则必须定义一个独一无二的名称。

size：定义文件上传框的宽度，单位是单个字符宽度。

maxlength：定义最多输入的字符数。

示例代码如下：

```
<input type="file" name="myFile" size="15" maxlength="100">
```

8．下拉选择框

下拉选择框允许在一个有限的空间设置多种选项。

代码格式如下：

```
<select name="…" size="…" multiple>
<option value="…" selected>…</option>
…
</select>
```

属性解释如下：

size：定义下拉选择框的行数。

name：定义下拉选择框的名称。

multiple：表示可以多选，如果不设置该属性，那么只能单选。

value：定义选择项的值。

selected：表示默认已经选择本选项。

示例代码如下：

```
<select name="mySel" size="1">
<option value="1" selected></option>
<option value="d2"></option>
</select>
```

按住 **Ctrl** 键可以多选。

示例代码如下：

```
<select name="mySelt" size="3" multiple>
<option value="1" selected></option>
<option value="d2"></option>
<option value="3"></option>
</select>
```

8.2.3 表单按钮

表单按钮的功能就是控制表单的运作。表单按钮包含了提交按钮、重置按钮和一般按钮这 3 个类型。

1．提交按钮

提交按钮用来将输入的信息提交到服务器。代码格式如下：

```
<input type="submit" name="…" value="…">
```

属性解释如下：

type="submit"：定义提交按钮。

name：定义提交按钮的名称。

value：定义提交按钮的显示文字。

示例代码如下：

```
<input type="submit" name="mySent" value="发送">
```

2. 重置按钮

重置按钮用来重置表单。代码格式如下：

```
<input type="reset" name="…" value="…">
```

属性解释如下：

type="reset"：定义重置按钮。

name：定义重置按钮的名称。

value：定义重置按钮的显示文字。

示例代码如下：

```
<input type="reset" name="myCancle" value="取消">
```

3. 一般按钮

一般按钮用来控制其他定义了处理脚本的处理工作。代码格式如下：

```
<input type="button" name="…" value="…" onClick="…">
```

属性解释如下：

type="button"：定义一般按钮。

name：定义一般按钮的名称。

value：定义一般按钮的显示文字。

onClick：也可以是其他的事件，通过指定脚本函数来定义一般按钮的行为。

示例代码如下：

```
<input type="button" name="myB" value="保存" onClick="JavaScript:alert('it is a
button')">
```

8.3 重庆愉快网注册表单页面设计与制作任务实施

 任务陈述

本任务的主要内容是使用表单来设计与制作重庆愉快网注册表单页面。在任务实施之前，我们需要了解什么是注册。所谓的注册有两种解释：一是把名字记入簿册，多指取得某种资格；二就是由主管部门办理手续、记入籍册，便于管理。而一般的网页注册也是基于这两种解释来完成整体的网站结构流程的，只是有一定的指定人群。比如，解释一是针对用户，取得某种资格；解释二则是针对管理员，便于管理。

注册页就是把所有的相关信息统一整合到一个网页页面中供用户填写的页面。一般的注册页包含的注册项有账号、密码、确认密码、注册邮箱、真实姓名、身份证、验证码、同意用户协议等。

本项目中的重庆愉快网注册表单页面的实例，就是指通过注册操作来获取愉快网个人账号的资格，从而方便用户在愉快网上进行一定的个人需求操作。其中，"您的邮箱"选项对应的是表单域中的文本框；"输入密码"与"重复密码"选项对应的是表单域中的密码框；"我已阅读与同意"选项对应的是表单域中的复选框；"提交注册"选项对应的是表单按钮中的提交按钮。重庆愉快网注册表单页面如图8.3-1所示。

图 8.3-1　重庆愉快网注册表单页面

任务分析

在前文任务陈述中，我们大体地了解了这个任务的性质与所要注意的知识点，可以得出对重庆愉快网注册表单页面的一个具体分析。

（1）**网站主题**：电子商务网站——重庆愉快网注册表单页面。

（2）**网页结构**：上一左右一下。

（3）**色彩分析**：本案例以白色为主，辅以红色和橙黄色。跳跃的红色充满活力，富有激情和现代节奏；而大面积的留白则给我们的视线留出休息的空间，从而聚焦网页的主体表单部分的信息，突出商业功能和产品销售。

（4）**网站特点**：本案例主要设计与制作重庆愉快网注册表单页面，从而使浏览者可以注册成为网站会员，进行 B2C 在线交易。

（5）**设计思想**：要突出本页面的表单功能和条理性，让浏览者清晰地了解整个注册的流程，使用户可以快速地完成注册。

（6）**初步认识**：了解表单的基本概况，如图 8.3-2 所示。

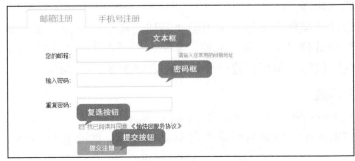

图 8.3-2　重庆愉快网注册表单项

任务规划

在分析完重庆愉快网注册表单页面后，可以确定几个实施的关键任务，然后结合绘制重庆愉快网注册表单页面线框结构图的分析理解，可以很直观地了解到设计与制作重庆愉快网注册表单页面的流程的任务划分。

（1）新建站点，使所有文件和图片等元素保证正确的链接路径。

（2）插入表格或 div，完成页面的整体布局。

（3）插入表单项，设计与制作完成整个重庆愉快网注册表单页面。

重庆愉快网注册表单页面线框结构图如图 8.3-3 所示。

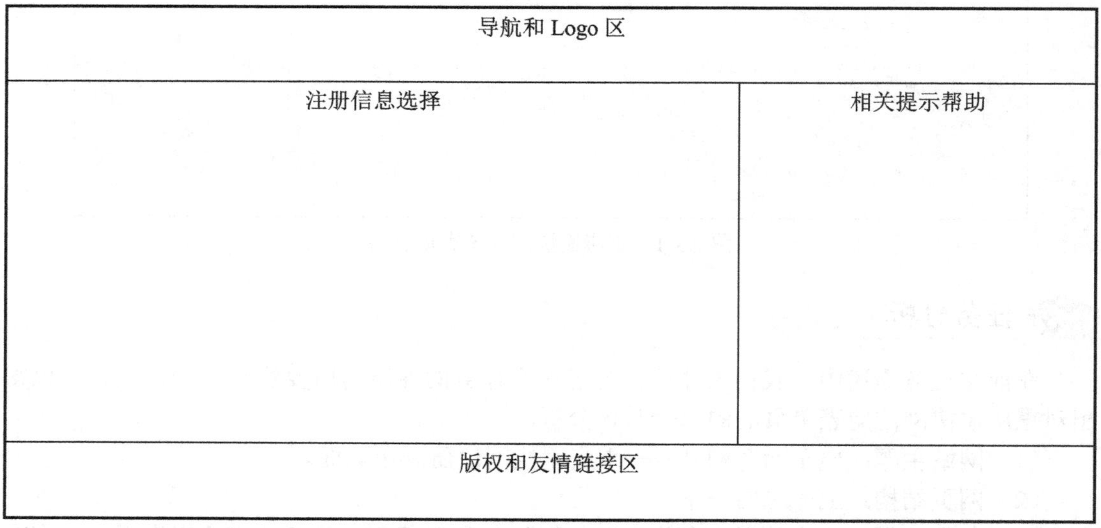

导航和 Logo 区	
注册信息选择	相关提示帮助
版权和友情链接区	

图 8.3-3　重庆愉快网注册表单页面线框结构图

任务 1：创建重庆愉快网注册表单页面站点

请参照学习项目 5 中的内容，这里不再赘述。

任务 2：创建重庆愉快网注册表单页面

步骤一：创建新页面

在菜单栏中选择"文件"下拉菜单中的"新建"命令，将会弹出一个"新建文档"对话框，在该对话框中选择"空白页"标签，然后在"页面类型"列表框中选择"HTML"选项，单击"创建"按钮，即可创建一个新页面，如图 8.3-4 所示。

步骤二：命名标题

进入 Dreamweaver CS6 工作界面，如图 8.3-5 所示。

在"标题"文本框中将标题名称修改为 yukuaiwang，如图 8.3-6 所示。

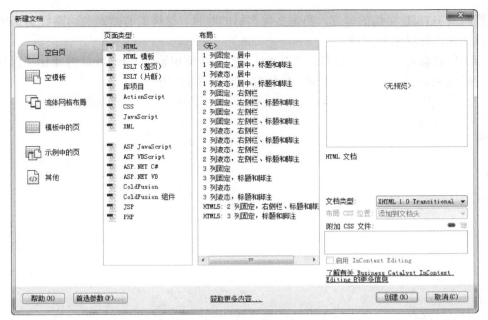

图 8.3-4 "新建文档"对话框

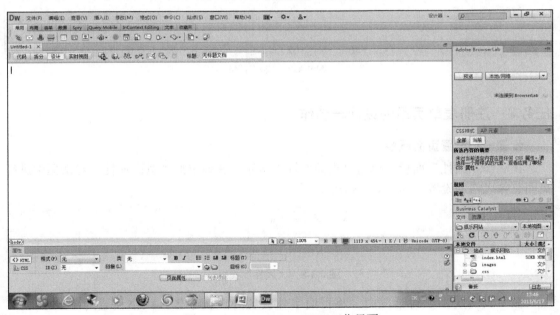

图 8.3-5 Dreamweaver CS6 工作界面

图 8.3-6 命名标题

步骤三：保存页面

选择"文件"下拉菜单中的"保存"命令对文件进行存储。先进行保存的好处在于可以设置网页 HTML 文档的位置，明确文件素材的路径，这样能有效避免由路径错误所导致的图像无法正常显示的问题。

初次保存会对文件进行命名。在"文件名"文本框中输入 form.html 并单击"保存"按钮，这样就完成了一个新的注册网页的创建，如图 8.3-7 所示。

图 8.3-7　保存页面

任务 3：注册表单页面的设计与制作

步骤一：设置页面属性

在底部"属性"面板中单击"页面属性"按钮，在弹出的"页面属性"对话框中进行页面整体风格的设置，如图 8.3-8 所示。

图 8.3-8　"属性"面板

在"页面属性"对话框中，将页面字体设置为默认字体，大小设置为 12px，左、右、上、下边距均设置为 0px，然后单击"确定"按钮完成页面属性的设置，如图 8.3-9 所示。

步骤二：插入表单

在插入栏中选择"表单"选项卡，将工具栏切换为表单栏目，如图 8.3-10 所示。

图 8.3-9 "页面属性"对话框

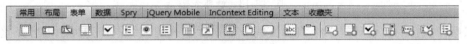

图 8.3-10 表单栏目

然后单击 ▢ 图标，确定添加一个表单，如图 8.3-11 所示。

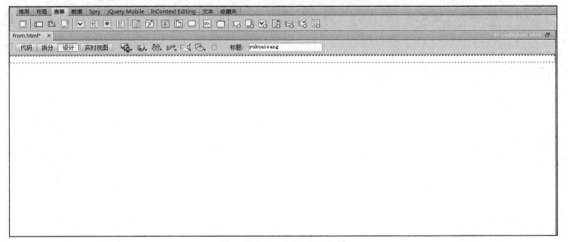

图 8.3-11 确定添加表单

步骤三：插入表格

在插入栏中选择"常用"选项卡，将工具栏切换为常用栏目，如图 8.3-12 所示。

图 8.3-12 常用栏目

然后单击"常用"选项卡中的"表格"图标 ▦ ，插入一个 6 行 3 列的表格，并将表格宽度设置为 490 像素，边框粗细、单元格边距和单元格间距全部设置为 0，如图 8.3-13 所示。

图 8.3-13　新建表格

在操作执行后，设计视图中将会出现一个 6 行 3 列的虚线框作为页面内容完整布局的框架，如图 8.3-14 所示。

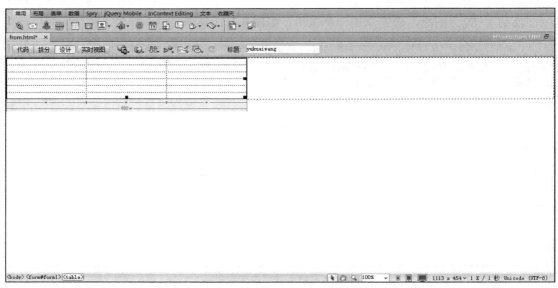

图 8.3-14　完成表格插入操作后的效果

步骤四：插入文本框

文本框是指可以输入简要文本（如名称、地址或任何其他类型的简要文本）的表单元素，文本可以是字符、数字等，它主要提供给用户输入单行文本信息。

可以通过以下两种方法来添加文本框。

方法一：在菜单栏中选择"插入"→"表单"→"文本域"命令。

方法二：单击插入栏的"表单"选项卡中的"文本字段"图标 。

在这里，我们主要讲解方法二。在新插入的表格第一行中，输入"您的手机号："，然后在第一列每个单元格中逐一输入相应的文字，效果如图 8.3-15 所示。

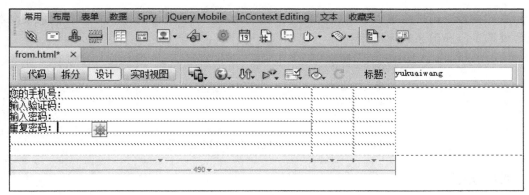

图 8.3-15　完成文本输入后的效果

选择"表单"选项卡，将工具栏切换为表单栏目。选中第二列第一行的单元格，单击 ⬚ 图标，确定添加一个文本框，然后在第二列每个单元格中逐一插入对应的文本框，效果如图 8.3-16 所示。

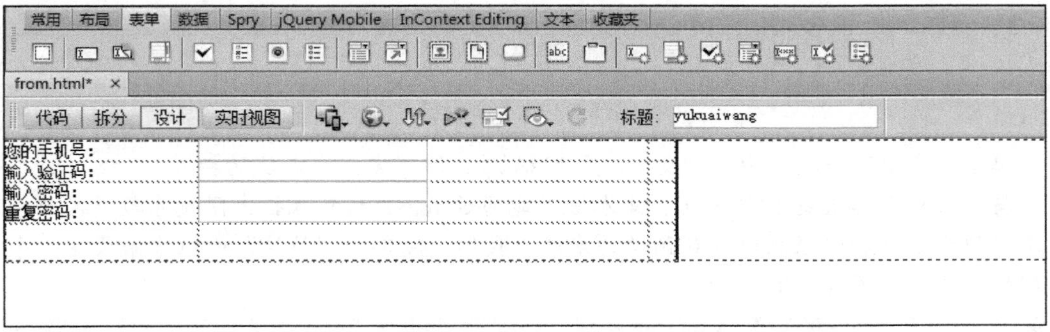

图 8.3-16　完成文本框插入后的效果

小贴士

表单是由窗体和控件组成的，一个表单一般包含用户填写信息的输入框和提交按钮等，这些输入框和按钮叫作控件。表单是使用<form></form>标签创建的，在<form>与</form>标签之间的部分都属于表单的内容。<form>标签具有 action、method 和 target 属性。

文本框类型是指在表单页面中插入的文本框不同的类型选择。例如，在重庆愉快网的注册表单页面中，"输入密码"和"重复密码"两个文本框的类型为密码框，在输入密码后显现的效果是圆点，而并不显现具体的输入内容。这时，我们就需要单击对应的文本框来选择修改它们的类型，如图 8.3-17 所示。

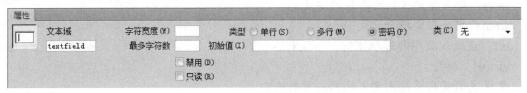

图 8.3-17　文本框"属性"面板

在"类型"选区中单击选中"密码"单选按钮后，我们在预览页面效果时就能看到相应的效果了，如图 8.3-18 所示。

您的手机号：	
输入验证码：	12345
输入密码：	••••••
重复密码：	

图 8.3-18　将文本框属性修改为密码框后的效果

举一反三

同样地，当我们选择文本框类型为"多行"时，文本框中输入文字的显示就为多行显示了。这时，单纯的文本框就变成了文本域，一般又称文本区，即有滚动条的多行文本输入控件，通常在留言本中出现。在 Dreamweaver CS6 中设计与制作文本域，如图 8.3-19 所示。

图 8.3-19　表单栏目

单击"表单"选项卡中的"文本域"图标，即可完成文本域的插入。

与单行文本框 text 控件不同，文本域不能通过 maxlength 属性来限制字数，因此必须寻求其他方法来加以限制以达到预设的需求。我们一般都在"属性"面板中来设置一个文本域的尺寸，如图 8.3-20 所示。

图 8.3-20　文本域"属性"面板

在设置字符宽度和行数后就可以来完成文本域的制作了。

多行文本框的基本代码格式如下：

```
<textarea name="…" rows="…" cols="…" wrap="…">…</textarea>
```

name：用来指定多行文本框的名称。

cols：用来指定多行文本框的宽度。

rows：用来指定多行文本框的高度。

wrap：用来指定换行方式。

off：当输入文字超过栏宽时，不换行。

virtual：换行。

这样我们就能总结出文本域的一些概念：

文本域：用来指定多行文本框的名字。

字符宽度：用来指定多行文本框的宽度是多少个字符。

行数：用来指定多行文本框的高度是多少个字符。

类型：用来指定是文本框，还是多行文本框，还是密码框。

初始值：用来在首次加载网页时，设置多行文本框中显示的初始文本内容。

步骤五：插入复选框

复选框用于从一组选项中选择多个选项。复选框允许用户选中多个选项。当想要了解网站访问者对各种产品的爱好时，复选框将十分有用。

可以通过以下两种方法来添加复选框。

方法一：在菜单栏中选择"插入"→"表单"→"复选框"命令。

方法二：单击插入栏的"表单"选项卡中的"复选框"图标 ✔ 。

在这里，我们主要讲解方法二。在插入栏中选择"表单"选项卡，将工具栏切换为表单栏目，如图 8.3-21 所示。

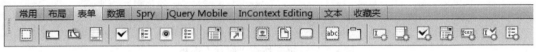

图 8.3-21　表单栏目

然后单击 ✔ 图标，在第二列第五行的单元格中确定添加一个复选框，同时输入相应的文字叙述，其中将"《愉快网服务协议》"设置为超链接，如图 8.3-22 所示。

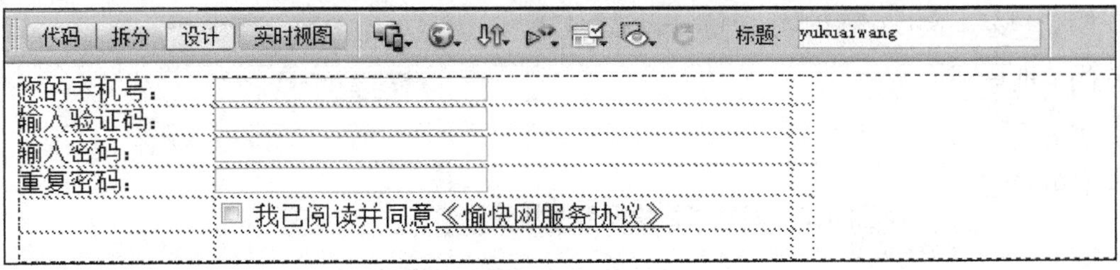

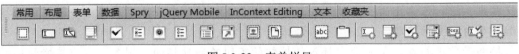

图 8.3-22　添加复选框后的效果

步骤六：插入提交按钮

提交按钮和重置按钮通常出现在表单的尾部，用来提交或清除表单中已经填定的信息。这里主要介绍提交按钮的使用。

在插入栏中选择"表单"选项卡，将工具栏切换为表单栏目，如图 8.3-23 所示。

图 8.3-23　表单栏目

然后单击 ☐ 图标，在第二列第六行的单元格中确定添加一个提交按钮，如图 8.3-24 所示。

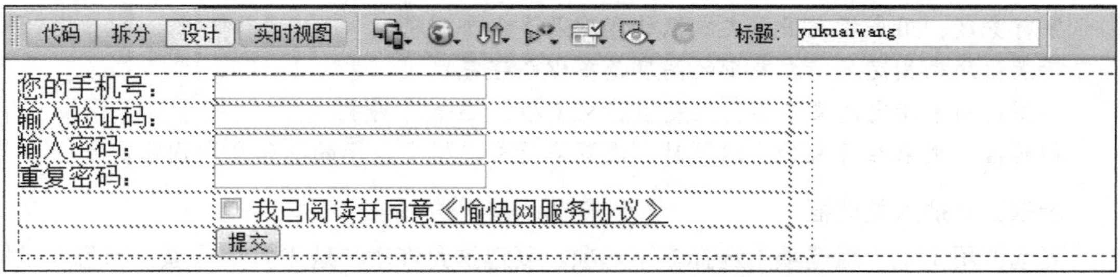

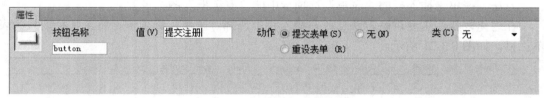

图 8.3-24　完成提交按钮插入后的效果

单击提交按钮，将"属性"面板中"值"文本框中的文字修改为"提交注册"，如图 8.3-25 所示。

属性				
按钮名称 button	值(V) 提交注册	动作 ⊙ 提交表单(S)　○ 无(N)　○ 重设表单 (R)	类(C) 无

图 8.3-25　提交按钮"属性"面板

采用同样的制作方式，在第三列第一行的单元格中插入一个提交按钮，然后将"值"文本框中的文字修改为"免费发送验证码"，如图 8.3-26 所示。

您的手机号：　　　　　　　　　　　　　　　　免费发送验证码
输入验证码：
输入密码：
重复密码：
☐ 我已阅读并同意《愉快网服务协议》
提交注册

图 8.3-26　完成文字修改后的效果

🖥 **小贴士**

表单按钮分为一般按钮（button）、提交按钮（submit）和重置按钮（reset）3 种。一般按钮主要用来响应用户的各种操作，如单击、鼠标指针滑过等；提交按钮一般用来向后台提交信息，进行信息交流；重置按钮用来清除表单已填信息。使用属性检查器可以为按钮添加一个自定义的名称。

按钮动作是指在表单页面中插入的按钮的不同的动作指向。例如，在重庆愉快网的注册表单页面中，有"提交注册"这样的一个提交按钮，而在提交按钮"属性"面板的"动作"选区中还有一个"重设表单"选项，当我们将"值"文本框中的文字修改为"重置"，并单击选中"重设表单"单选按钮后，在预览时，我们单击按钮呈现的效果为当前所有的文本框中的输入内容完全清空，需要重新填写一次，如图 8.3-27 所示。

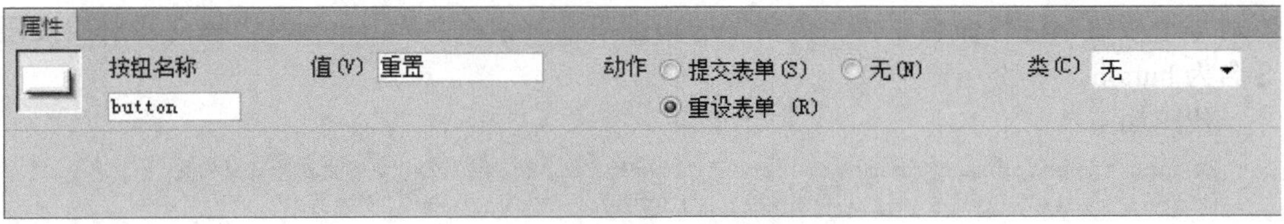

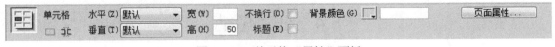

图 8.3-27　按钮"属性"面板

同样地，当选择按钮动作为"无"时，按钮将无任何动作指向，只是单纯起到一个占位的显示作用。

任务 4：美化注册表单页面

步骤一：使用 CSS 样式美化修饰页面

在表单设计与制作完成后，需要 CSS 样式的修饰。首先，让表单在页面中居中对齐。将 CSS 样式写入头部的<style type="text/css"></style>标签中，代码如下：

```
<style type="text/css">
/*public*/
body,td,th{font-size:12px;}
body{margin-left:0px; margin-top:0px;margin-right:0px;margin-bottom:0px;}
/*form*/
form{width:490px;
      margin:0 auto;}
</style></head>
```

页面效果如图 8.3-28 所示。

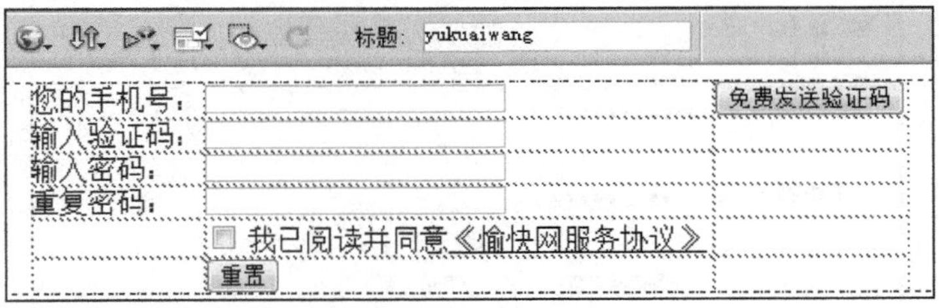

图 8.3-28　页面效果

将每个单元格的高度设置为 50px，只需要对第一列的每个单元格设置高度就可以了，其他列的同一行的单元格将会自动撑开高度为 50px，如图 8.3-29 所示。

图 8.3-29　单元格"属性"面板

接下来，设置第二列中文本框与密码框的大小。textfield、textfield2 和 textfield3 的大小均为 width：255px，height：35px；textfield1 的大小为 width：125px，height：35px。代码如下：

```
#textfield,#textfield2,#textfield3{width:255px;height:35px;}
#textfield1{width:125px;height:35px;}
```

然后，对按钮进行 CSS 样式的修饰。我们可以观察到两个按钮的样式不一样，所以需要对每个按钮都进行命名。将"免费发送验证码"按钮命名为button2，"提交注册"按钮命名为button。

代码如下：

```
<input type="submit" name="button2" id="button2" value="免费发送验证码"/>
<input type="submit" name="button" id="button" value="提交注册"/>
```

接下来，设置不同按钮的CSS样式。设置按钮的高度、宽度和边框，并设置字体的颜色、背景的颜色，代码如下：

```
#button2{width:116px;height:28px;}
#button{width:120px;height:35px;
        background: url(images/00001_15.gif); border:0; color:#FFF;}
```

步骤二：使用CSS样式美化文本效果

CSS样式的修饰已经基本完成，但是还有一点经常会被忽视，那就是文本域的文字垂直方向的对齐方式。我们通常看到的都是垂直居中对齐，那么我们就要对其进行样式的修饰，在文本域的样式中添加与它的高度相同大小的行高，代码如下：

```
#textfield, #textfield2, #textfield3{width:255px;
                            height:35px;
                            line-height:35px;}
#textfield1{ width:125px;
        height:35px;
        line-height:35px;}
```

这样，注册表单页面就设计与制作完成了。最终页面效果如图8.3-30所示。

图8.3-30　最终页面效果

8.4　任务总结

1．表单的3个基本组成部分

通过对前文的学习，我们了解到了表单的一些知识点，从中可以归纳出表单的几个基本组成部分：

（1）表单标签：表单标签包含了处理表单数据所用CGI程序的URL及将数据提交到服务器中的方法。

（2）表单域：表单域包含了文本框、多行文本框、密码框、隐藏域、复选框、单选按钮、文件上传框和下拉选择框等。

（3）表单按钮：表单按钮包含了提交按钮、重置按钮和一般按钮，用于将数据传送到服务器上的 CGI 脚本中或取消输入，还可以使用表单按钮来控制其他定义了处理脚本的处理工作。

2．表单页面中 CSS 样式的使用

在设计与制作表单页面时，通常需要根据页面的设计要求来完成一些美化效果。这时，我们可以结合项目 3 中的 CSS 层叠样式来完成，这样就可以设计与制作出效果美观的表单页面了。有兴趣的读者请参照学习项目 3，这里不再赘述。

3．表单页面中选择按钮的类型

1）复选框

在本案例中，"我已阅读并同意《愉快网服务协议》"前面，我们采用的是复选框的表单项，其目的是配合整个注册表单页面的美观性。在文本框和密码框都是矩形的情况下，采用同是矩形风格的复选框表单项可以使整个页面整体更加的协调。但是在本案例中复选框表单项只是起到了一个单选按钮的功能。

复选框表单项的交互作用在于可以同时勾选几个相同类型的选项，如图 8.4-1 所示。

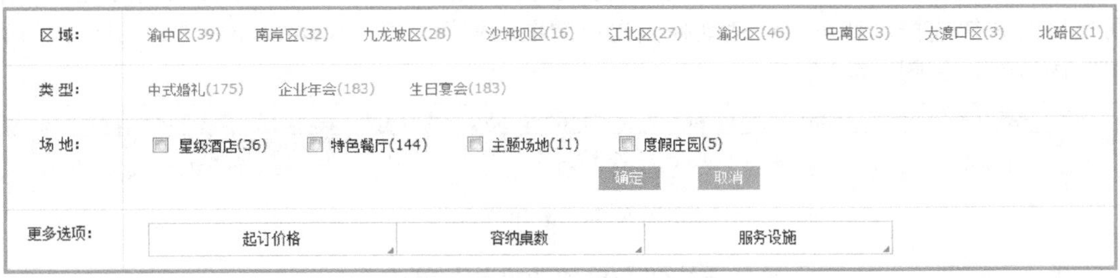

图 8.4-1　复选框的效果

图 8.4-1 所示为重庆愉快网宴席场地的筛选板块，用户可以根据自身的要求有条件地进行场地特色的选择。该板块使用用户可以同时进行几种场地特色的选择，然后提交任务、完成筛选，充分体现了复选框表单项的交互功能。在这个板块的设计与制作中，我们可以采用上述的步骤来一一实现。

复选框常用属性有复选框名称、选定值和初始状态，如图 8.4-2 所示。

图 8.4-2　复选框"属性"面板

复选框的名称在"复选框名称"文本框中指定，输入的名称最好是唯一的；在"选定值"文本框中输入复选框的值；初始状态用来在首次加载网页时，设置复选框是否被勾选。

2）单选按钮

在了解了复选框的交互功能与意义后，我们还注意到一个与复选框相对应的表单项，即单选按钮表单项。与复选框在形状上的区别是单选按钮表单项是圆形的，如图 8.4-3 所示。

图 8.4-3　单选按钮的效果

图 8.4-3 中的右边板块是重庆愉快网订宴席首页页面中的宴席场地筛选板块。"简单 3 部"的区域中都是由单选按钮表单项组合构成的，其目的也是让用户可以根据自身的条件来进行一些选择从而完成筛选。只是单选按钮表单项的目的性更强，不需要同时进行几个同类型的条件选择，就可以快速地找到自己想要的资讯。在 Dreamweaver CS6 中设计与制作单选按钮，如图 8.4-4 所示。

图 8.4-4　表单栏目

单击 图标，即可完成单选按钮表单项的设计与制作了。

单选按钮常用属性有单选按钮的名称、选定值和初始状态，如图 8.4-5 所示。

图 8.4-5　单选按钮"属性"面板

同时，为了保持互斥选择，多个单选按钮的名称应该保持一致；在"选定值"文本框中，输入在访问者选中此单选按钮时发送给服务器端进行处理的值；初始状态用来在首次加载网页时，设置单选按钮是否被选中。

3）选择按钮组

在设计与制作选择按钮表单项时会发现经常出现几个同类型的选择按钮需要排布的情况，这时我们一个一个地去插入和设置就会感觉比较乏味。因此，我们可以采用一个更为简单、快捷的方式来完成选择按钮表单项的设计与制作，即运用选择按钮组来完成，如图 8.4-6 所示。

图 8.4-6　表单栏目

单击  图标，即可完成选择按钮组表单项的设计与制作了。然后，根据页面的需求来设置相应的信息咨询，完成最后的页面效果。

8.5　能力与知识拓展

8.5.1　表单页面制作原则

在设计表单时需要注意细节问题的处理，如表单的命名、起始页、清晰的浏览线、注意力分散最少、进程指示、Tab 键跳转等。其实还有一点，就是让用户知道完成表单的路径。

确保表单名称符合人们的期望，并简单解释每个表单的用途。如果表单需要时间或查询信息才能填写，则可以采用起始页来设定人们的期望。由始至终采用清晰浏览线和有效视觉步伐来引导人们，确保说明清晰的填写完成路径。

对于关键任务表单，如结算表单或注册表单，则应当去除会分散注意力的部分、任何导致人们放弃填写的链接或内容。如果表单分为多个已知的有序网页，则可以采用进程指示来传达范围、状态和位置等信息。同时如果表单没有清晰的有序网页，则不要采用进程指示，应当采用更笼统的进程指示，而不要设置错误期望。

在设计表单布局时，应考虑使用 Tab 键的"跳转"体验。采用 HTML 中的 tabindex 属性来控制表单的跳转顺序。

梳理出的几条表单页面的规则如下所述。

1．当表单结构需要多步时，需要给出清晰的导航

（1）使用进度标尺来告诉用户当前的位置和整个步骤。

（2）强调几个步骤中的逻辑联系，如标明 step1、step2、step3。

（3）使用有意义的图片或 icon 甚至是标题来解释各个步骤。

（4）使用简单的语言或第二人称来描述行为动作。

（5）逻辑步骤最好限制在 3 步内。

2．用户在注册行为中的提示

（1）提示信息（tips）尽量在需要帮助或有前后行为衔接的地方出现。

（2）对用户的鼓励应在进程中体现，如每完成一项输入就提示一个打钩的图标。

（3）尽量避免出现弹出框的警示提醒。

（4）icon 的出错提示避免使用警告的表达，使用户有挫败感。

（5）使用简单、易识别的 icon 来标记提示、成功、出错的样式。

（6）当提交表单时如果有出错，则过长的表单最好将出错提醒显示在整表头部，以指引用户改正。

3．表单的布局

（1）尽量使用对齐的字段、等长的文本框及一致的视觉样式来减少视觉干扰。

（2）尽量控制在一屏内出现 3～6 个字段和文本框（多用于多步骤的情况）。

（3）如果有选填和必填时，则需要标明差别。

（4）为不同概念的信息归类，尽可能地分开选填和必填。

8.5.2 下拉列表的设计与制作

在表单项的设计与制作中，有一种表单项是下拉列表。下拉列表也是表单页面的一个重要组成元素，它在交互运用中的具体作用是提供选择，以便在有限的网页空间中展示更多的信息，如图 8.5.2-1 所示。

图 8.5.2-1 下拉列表的效果

在愉快网中，头部有一个搜索框，结合前文学习的知识我们可以了解到，这样的一个搜索框是运用了表单项中的文本框和按钮的元素构成的。但是在左侧的餐厅选择项中还有一个使用了下拉选择框交互功能的表单项，这个就是表单项中的下拉列表。

在 Dreamweaver CS6 中设计与制作下拉列表，如图 8.5.2-2 所示。

图 8.5.2-2 表单栏目

单击"表单"选项卡中的"选择（列表/菜单）"图标，即可完成下拉列表的插入。接下来，通过"属性"面板中的参数设置来为这个下拉列表完成相应的设置，如图 8.5.2-3 所示。

图 8.5.2-3 下拉列表"属性"面板

单击 列表值... 按钮，将会弹出"列表值"对话框，如图 8.5.2-4 所示。

在对话框中单击 ⊞ 按钮，出现"项目标签"文本框，在文本框内输入相应的项目，如"餐厅"，如图 8.5.2-5 所示。

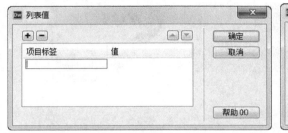

图 8.5.2-4 "列表值"对话框

图 8.5.2-5 完成项目标签的添加

如此同样操作几次，最终完成下拉列表的选项添加，这时下拉列表就设计与制作完成了。最后，我们将根据网页的实际要求，通过 CSS 样式来美化页面效果。最终完成的效果如图 8.5.2-6 所示。

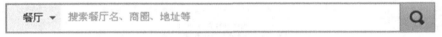

图 8.5.2-6 搜索框效果

8.6 巩固练习

表单是网页中提供的一种交互操作手段，在网页中使用十分广泛。无论是提交搜索的信息，还是网上注册等都需要使用表单。表单元素除了项目中用到的文本框、密码框、单选按钮、一般按钮、复选框、下拉菜单和列表，还有文件域、图像域、提交按钮、重置按钮及多行文本框和隐藏域等。这些希望有兴趣的读者下去之后练习操作，看看实现的效果会是什么样的。如果还有读者想深入学习表单的交互功能，请参照其他参考书，将数据交换融入其中，自己进行深入的学习。

留言本的设计与制作

利用表单来设计与制作下面的留言本，如图 8.6-1 所示。

步骤一：分析网页布局框架

当拿到一个页面时不要急于盲目制作，首先分析页面的构造框架，想好采用什么方式进行页面布局，并绘制布局线框结构图。

步骤二：新建站点

前面已经介绍过了创建站点的步骤，这里不再重述。详细步骤请见前面章节。

步骤三：制作页面

使用表格来完成页面布局，并向页面中插入表单信息。

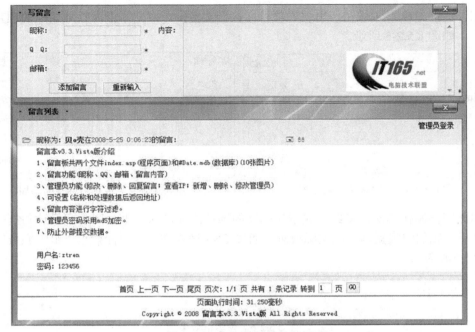

图 8.6-1　留言本的最终效果

项目9

网页简单特效设计与制作

在浏览网页时，大家是不是比较喜欢看具有动态效果的网页，或者说具有特效及比较华丽的网页更吸引人。而我们前面阶段学习设计与制作的网页都是静态网页，没有生成动态的效果，也没有华丽的表现形式。动态网页相对于静态网页不同的地方就是动态网页中恰当地运用了一些特效，使得网页更具有生动性和吸引力。如果我们也在制作的静态页面中添加一些特效，那么我们的网页也可以成为动态网页吗？这个问题留待以后来解决。在本项目中，我们就来介绍简单特效网页的设计与制作。

在网页中使用简单特效具有以下两个优点：

（1）在静态网站中，尤其是门户网站中，紧密的版式布局和信息量庞大的内容往往会令浏览者感觉抓不到重点。在网页中适当地添加一些简单特效，不仅可以使整个页面更加生动、活泼，还可以把一些重要的内容信息显示在突出的部位，方便浏览者可以快速、便捷地了解第一手信息。典型的例子为时间轴特效。

（2）在网页中，内容信息是第一位的，不论是文字还是图片。而如果把大量的信息全部都放置在页面中就会显得页面过于臃肿。使用简单特效，可以把部分信息内容先隐藏起来，不定时或浏览者想要查看时就能出现隐藏的信息。典型的例子包括滑动门、图片轮播等特效。

网页简单特效是网页设计中举足轻重的一个部分，是网页设计与制作的基础学习知识。本项目可以直观地体现特效代码的优势，通过实例来系统地介绍网页简单特效的基础知识。本项目将结合实例，具体讲解掌握网页简单特效的编辑与应用的关键步骤。

本项目采用项目教学法，以任务驱动法教学，从而提高大家的学习积极性，充分体现了产教结合的思想目标。

9.1 任务目标

知识目标

1. 掌握 JavaScript 的基本语法。
2. 掌握添加行为的方法。
3. 掌握网页简单特效添加编辑与应用的关键步骤。

技能目标

1．能正确理解网页简单特效中行为的概念。
2．能正确理解行为中动作与事件的概念。
3．能学会使用 JavaScript 的基础方式。
4．通过学习添加行为实现网页简单特效，学会增加静态网页的活力，以及达到自身审美能力提高的目的。

素质目标

1．培养规范的编码习惯。
2．培养团队的沟通、交流和协作能力。
3．培养学生自主学习能力。
4．培养学生精益求精的工匠精神。

9.2　知识准备

本项目介绍的主要内容是网页简单特效。在进行任务项目之前，我们先来了解简单特效的一些基本概念。简单特效其实就是通过行为来完成的。使用 Dreamweaver 中的行为工具，可以在新建的文档中允许用户与网页进行交互，通过多种方式与网页互动或执行某些任务。比如，让层显现和消失、执行任意数量的互动图像，或者控制 Flash 影片等。对于所有这些操作用户甚至不需要知道编程语言，只需要通过指定的一个动作，并且指定触发这个动作的事件，Dreamweaver 就会将 JavaScript 代码自动放置到文档中。这就是 Dreamweaver 中强大的行为功能。

9.2.1　行为

"行为"是 Dreamweaver 中的一个功能强大的工具。使用 Dreamweaver 行为，可以在文档中允许用户与网页进行交互，通过多种方式与网页互动或执行某些任务。例如，可以让层显现和消失、执行任意数量的互动图像，或者控制 Flash 影片等。对于所有这些操作用户甚至不需要知道编程语言，只需要通过指定的一个动作，并且指定触发这个动作的事件，Dreamweaver 就会将 JavaScript 代码自动放置到文档中。

同时，行为是由 JavaScript 代码组成的，这些代码执行特定的任务，如弹出系统窗口、显示或隐藏层、播放声音等。Dreamweaver 提供的动作都是由 Dreamweaver 工程师精心编写的，以提供最大的跨浏览器兼容性。

行为的动作和事件

在 Dreamweaver 中，行为是事件和动作的组合。事件是在特定的时间或用户在某时发出的指令后紧接着发生的，而动作是事件发生后网页所要做出的反应。同时"行为"和"动作"这两个术语是 Dreamweaver 术语，而不是 HTML 术语，从浏览器的角度来看，动作与其他任何一段 JavaScript 代码完全相同。

常见的动作类型如表 9.2.1-1 所示。

表 9.2.1-1　常见的动作类型

动 作 类 型	描　　　　述
弹出消息	设置的事件发生后，显示警告信息
交换图像	设置的事件发生后，使用其他图片来取代选定的图片
恢复交换图像	在运用交换图像动作后，显示原来的图片
打开浏览器窗口	在新窗口中打开
拖动 AP 元素	允许在浏览器中自由拖动 AP 元素
转到 URL	可以转到特定的站点或网页文档中
检查表单	当检查表单文档的有效性时使用
调用 JavaScript	调用 JavaScript 特定函数
改变属性	改变选定客体的属性
跳转菜单	可以建立若干个链接的跳转菜单
跳转菜单开始	跳转菜单选定要移动的站点后，只有单击按钮才能移动到链接上
预先载入图片	为了在浏览器中快速地显示图片，事先下载图片后显示出来
设置框架文本	在选定的框架中显示指定的内容
设置框架文本或文字	在文本字段区域中显示指定的内容
设置容器中的文本	在选定的容器中显示指定的内容
设置状态栏文本	在状态栏中显示指定的内容
显示-隐藏 AP 元素	显示或隐藏特定的 AP 元素

常见的事件如表 9.2.1-2 所示。

表 9.2.1-2　常见的事件

事　　件	描　　　　述
onAbort	当在浏览器窗口中停止加载网页文档的操作时发生的事件
onMove	当移动窗口或框架时发生的事件
onLoad	当选定的对象出现在浏览器中时发生的事件
onResize	当用户改变窗口或帧的大小时发生的事件
onUnload	当用户退出网页文档时发生的事件
onClick	当使用鼠标单击选定元素时发生的事件
onBlur	当鼠标指针移动到窗口或帧外部时，即在这种非激活状态下发生的事件
onDragDrop	当拖动并放置选定元素时发生的事件
onDragStart	当拖动指定元素时发生的事件
onFocus	当鼠标指针移动到窗口或帧上时，即在激活后发生的事件
onMouseDown	当单击鼠标右键时发生的事件
onMouseMove	当鼠标指针指向字段并在字段内移动时发生的事件
onMouseOut	当鼠标指针经过选定元素之外时发生的事件

事　件	描　述
onMouseOver	当鼠标指针经过选定元素上方时发生的事件
onMouseUp	当单击鼠标右键，然后释放时发生的事件
onScroll	当用户在浏览器上移动滚动条时发生的事件
onKeyDown	当用户按下任意键时发生的事件
onKeyPress	当用户按下和释放任意键时发生的事件
onKeyUp	当在键盘上按下特定键并释放时发生的事件
onAfterUpdate	当更新表单文档内容时发生的事件
onBeforeUpdate	当改变表单文档项目时发生的事件
onChange	当用户修改表单文档的初始值时发生的事件
onReset	当将表单文档重置为初始值时发生的事件
onSubmit	当用户传送表单文档时发生的事件
onSelect	当用户选定文本字段中的内容时发生的事件
onError	当在加载文档的过程中出错时发生的事件
onFilterChange	当运用于选定元素的字段发生变化时发生的事件
onFinish	当滚动文本条中的文本完成一次滚动时发生的事件
onStart	当滚动文本条中的文本开始滚动时发生的事件

在了解了什么是行为后，我们会发现一个问题，那就是所有的行为都是 JavaScript 代码组成的。那么什么又是 JavaScript 呢？

9.2.2　JavaScript

JavaScript 是一种能让网页更加生动、活泼的程序语言，也是目前网页设计中非常容易学习且方便的语言。用户不仅可以利用 JavaScript 轻易地做出亲切的欢迎信息、漂亮的数字钟及有广告效果的跑马灯等，还可以显示浏览器停留的时间，这些特殊的效果都是可以提高网页的可看性和趣味性的。利用 Dreamweaver 中的行为工具，我们可以快速地调用一些基础的 JavaScript 代码来实现网页简单特效。

既然我们能够利用行为工具来调用 JavaScript 代码，那么就必须了解 JavaScript 的一些基本语法。JavaScript 的基本语法主要有常量和变量两个概念，现在我们就来简单了解下这两者的一些基本定义。

1. 常量

JavaScript 中的常量通常又称字面常量，它是不能改变的数据。在 JavaScript 中，常量有以下 6 种基本类型。

整型常量：整型常量就是通常的整数，包括正整数、负整数和 0。整型常量可以使用十六进制、八进制和十进制表示其值。

实型常量：实型常量由整数部分加小数部分表示，如 12.32、193.98。实型常量也可以使用科学或标准方法表示，如 5e9、4e5 等。

布尔值：布尔值只有两种状态：true 和 false。它主要用来代表一种状态或标志，以说明操作流程。

字符型常量：使用单引号（' '）或双引号（" "）括起来的一个或几个字符，如"This is a book of JavaScript"、"3245"、"ewrt234234"等。

空值：JavaScript 中有一个空值 NULL，表示什么也没有。如果试图引用定义的变量，则返回一个 NULL 值。

特殊字符：JavaScript 中有以反斜杠（\）开头的、不可显示的特殊字符，通常称为控制字符。

2．变量

变量是存储数据、提供存放信息的容器。对于变量，必须明确变量的命名、变量的类型、变量的声明及变量的作用域。

1）变量的命名

在 JavaScript 中，变量的命名规则与其他计算机语言中变量的命名规则非常相似，这里需要注意以下几点：

① 必须是一个有效的变量，即变量以字母开头，中间可以出现数字，如 test1、test2 等。除下画线作为连字符外，变量名称不能有空格、+、–，或者其他符号。

② 不能使用 JavaScript 中的关键字作为变量。在 JavaScript 中定义了 40 多个关键字，而有些关键字是在 JavaScript 内部使用的，不能作为变量的名称，如 var、int、double、true 等。

③ 在给变量命名时，最好把变量的意义与其代表的意思对应起来，以免出现不必要的错误。

2）变量的类型

变量有整数变量、字符串变量、布尔型变量和实型变量 4 种类型。

示例依次如下：

```
X=100;
Y="125";
Xy=true;
Cost=19.5;
```

其中，X 为整数变量，Y 为字符串变量，Xy 为布尔型变量，Cost 为实型变量。

3）变量的声明

JavaScript 变量可以在使用前先进行声明，并对其赋值。通过使用 var 关键字对变量进行声明。对变量进行声明的最大好处就是能及时发现代码中的错误。因为 JavaScript 是采用动态编译的，而动态编译不易发现代码中的错误，特别是变量命名方面。

在 JavaScript 中，变量可以使用 var 关键字进行声明，示例如下：

```
var mytest;
```

上述代码中定义了一个 mytest 变量，但是没有赋予它值。

```
var mytest="this is a book";
```

上述代码中定义了一个 mytest 变量，同时赋予了它一个值。

在 JavaScript 中有全局变量和局部变量。全局变量是定义在所有函数体之外的变量，其作用范围是整个函数。而局部变量是定义在函数体之内的变量，其只对该函数是可见的，而对其他函数则是不可见的。

9.2.3　JavaScript 事件

JavaScript 是基于对象的语言，而基于对象的基本特征，就是采用事件驱动。它在图形界面的环境下，使得一切输入简单化。由鼠标或热键引发的动作被称为时间驱动，而由鼠标或热键引发的一连串程序的动作则被称为事件驱动。而对事件进行处理的程序或函数则被称为事件处理程序。

JavaScript 事件主要有验证用户输入窗体的数据和增加页面的动感效果等用途。

一般来说，一个利用 JavaScript 实现交互功能的网页总是拥有如下 3 个部分的内容：

① 在 head 部分定义一些 JavaScript 函数，其中的一些函数可能是事件处理函数，而另外一些函数则可能是为了配合这些事件处理函数而编写的普通函数。

② HTML 本身的各种控制标签。

③ 拥有句柄属性的 HTML 标签，主要涉及一些界面元素，这些元素可以把 HTML 标签和 JavaScript 代码相连。

为了理解 JavaScript 的事件处理模型，可以设想一下在一个 Web 页面中可能会遇到什么样的用户响应。归纳起来，必须使用的事件主要有三大类。

第一类事件是引起页面之间的跳转的事件，主要是超级链接事件。第二类事件是浏览器本身引起的事件，如网页的装载、表单的提交等。第三类事件是在表单内部和界面对象的交互事件，包括界面对象的选点、改变等，可以按照应用程序的具体功能自由设计。

9.2.4　JavaScript 对象

面向对象的程序设计方法并不是一个新概念，目前，面向对象的程序设计方法被认为是一种比较成功和成熟的程序设计方法，广泛地应用在各种程序语言中。典型的面向对象的程序设计方法有以下 3 个特性，即封装性、继承性和多态性。

1）封装性

封装是面向对象的程序设计方法的一个重要设计原则，也就是将对象中的各种属性和方法，按照适当的安排可以提供给用户访问的权限，从而保证用户不会因为错误的、恶意的或非授权的对对象内部细节的访问而影响对象，设置删除这个程序的各种行为。另外，如果这些对象的外部使用的方法和功能不发生改变，那么使用这些对象的程序也不会发生变化。

2）继承性

从一种对象类型引申到另外一种对象类型的主要方法就是继承。这样，子对象就可以继承父对象所有已经定义好的属性和方法，而不必重新定义属性和方法。如果子对象有自已独有的属性和方法，则可以在继承时单独定义。通过这样的操作，子对象就可以既拥有一部分父对象的属性和方法，也拥有一部分自己独有的属性和方法。

3）多态性

随着基本对象类型及各种集成对象类型的不断增加，对这些对象所拥有的各种方法进行管理就成了一个非常重要的问题。在传统的面向过程的程序设计语言中，一般不允许使用同样的名字来命名一个函数或方法，即使这些函数的处理功能是相同的。而在面向对象的程序设计语言中，由于各种方法所从属的对象本身就有一定的层次关系，因此对实现同样功能的方法就可以起相同的名字。这样大大简化了对象方法的调用过程，用户只需要记住一些基本操作，剩余的工作交给程序完成就可以了。

在这里，我们不进行深入的研究。我们需要了解的是，JavaScript 对象的一个基本定义，那就是 JavaScript 中的所有事物都是对象，如字符串、数值、数组和函数等。在 JavaScript 中，对象是拥有属性和方法的数据。此外，JavaScript 允许自定义对象。

例如，汽车就是现实生活中的对象。

汽车的属性如下：

```
car.name=Fiat
car.model=500
car.weight=850kg
car.color=white
```

汽车的方法如下：

```
car.start()
car.drive()
car.brake()
```

汽车的属性包括名称、型号、重量和颜色等。所有汽车都具有这些属性，但是每款车的属性都不尽相同。汽车的方法可以是启动、驾驶和刹车等。所有汽车都拥有这些方法，但是这些方法被执行的时间都不尽相同。

9.3　重庆市少年宫网站首页页面设计与制作任务实施

 任务陈述

本任务的主要内容是使用网页简单特效来设计与制作重庆市少年宫网站首页页面。在任务实施之前，我们需要了解什么是特效。所谓的特效就是指特殊的效果。特效通常是由计算机软件制作出的现实中一般不会出现的特殊效果，而网页特效就是指作用于网页上的特殊效果。

一般正常的静态网页，在展示图片列表时都是规规矩矩地把图片元素整齐地放置在一个固定的区域内展示，没有过多的动态效果。而如果想要实现一个页面中有一定的简单特效的目的，则可以从规矩的图片展示中入手，因为网页简单特效的很多效果都是基于图片的交互实现的，包括交换图像、弹出信息、增大/收缩、挤压、显示/渐隐、晃动、滑动、遮帘、高亮颜色等，如图 9.3-1 所示。

在本任务中，我们将通过重庆市少年宫网站首页页面的图片展示特效来详细讲解当鼠标指针经过图片上方时图片放大的效果——onMouseOver 行为。为原本枯燥无味的图片列表添加一定的交互特效，可以提高图片展示的趣味性，从而带动用户的浏览积极性。同时我们将掌握 AP div 与表格嵌套的相应布局方式，以及布局中相应标签的使用方法。

图 9.3-1　行为效果列表

任务分析

在前文任务陈述中，我们大体地了解了这个任务的性质与所要注意的知识点，可以得出对重庆市少年宫网站首页页面的一个具体分析。

（1）**网站主题**：教育网站——重庆市少年宫网站首页页面。

（2）**网页结构**：上—左右—下。

（3）**色彩分析**：本案例以草绿色为主，适当留白，同时辅以黄色。清新的绿色充满生机，富有活力和生命力，体现青少年茁壮成长的环境。

（4）**网站特点**：本案例主要设计与制作重庆市少年宫网站首页页面的网页简单特效，使用户可以在首页页面中浏览到通过网页简单特效展示的内容信息。用户可以快速地获取网站近期主要发布的信息和内容，从而达到网站推广目的。

设计思想：要突出本页面的特效功能，让用户可以清晰地了解重庆市少年宫网站首页信息的详细资料，从而达到网站推广的目的。最终的效果如图 9.3-2 所示。

图 9.3-2　重庆市少年宫网站首页页面最终的效果

任务规划

在分析完重庆市少年宫网站首页页面后，可以确定几个实施的关键任务，然后结合绘制重庆市少年宫网站首页页面线框结构图的分析理解，可以很直观地了解到设计与制作重庆市少年宫网站首页页面的流程的任务划分。

（1）新建站点，使所有文件和图片等元素保证正确的链接路径。

（2）新建重庆市少年宫网站首页页面，完成页面的整体布局。

（3）设置重庆市少年宫网站首页页面的网页简单特效——时间轴。

重庆市少年宫网站首页页面线框结构图如图 9.3-3 所示。

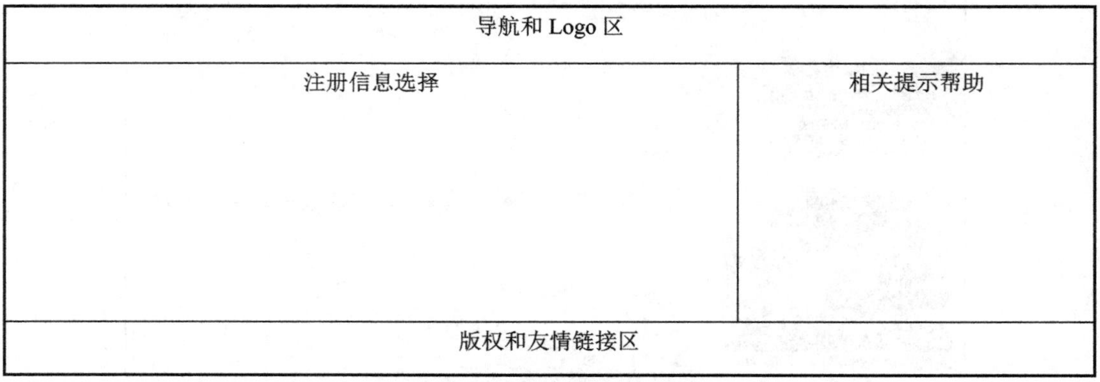

导航和 Logo 区	
注册信息选择	相关提示帮助
版权和友情链接区	

图 9.3-3　重庆市少年宫网站首页页面线框结构图

任务 1：创建重庆市少年宫网站首页页面站点

请参照学习项目 5 中的内容，这里不再赘述。

任务 2：创建重庆市少年宫网站首页页面

步骤一：创建新页面

选择"文件"下拉菜单中的"新建"命令，将会弹出一个"新建文档"对话框，在对话框中选择"空白页"标签，然后在"页面类型"列表框中选择"HTML"选项，单击"创建"按钮，即可创建一个新页面，如图 9.3-4 所示。

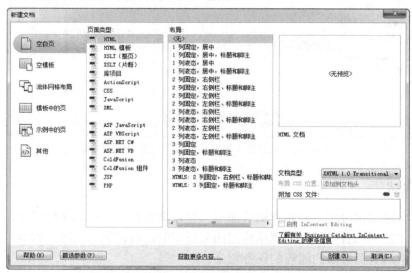

图 9.3-4　"新建文档"对话框

步骤二：命名标题

进入 Dreamweaver CS6 工作界面，如图 9.3-5 所示。

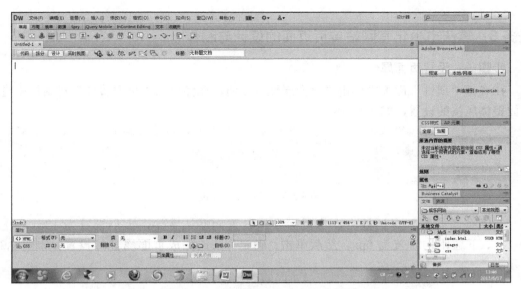

图 9.3-5　Dreamweaver CS6 工作界面

在"标题"文本框中将标题名称修改为 shaoniangong，如图 9.3-6 所示。

图 9.3-6　命名标题

步骤三：保存页面

选择"文件"下拉菜单中的"保存"命令对文件进行存储。先进行保存的好处在于可以设置网页 HTML 文档的位置，明确文件素材的路径，这样能有效避免由路径错误导致的图像无法正常显示的问题。

初次保存会对文件进行命名。在"文件名"文本框中输入 shaoniangong 后单击"保存"按钮，这样就完成了一个新的页面的创建，如图 9.3-7 所示。

图 9.3-7　保存页面

任务3：重庆市少年宫网站首页页面的设计与制作

步骤一：设置页面属性

在底部"属性"面板中单击"页面属性"按钮，在弹出的"页面属性"对话框中进行页面整体风格的设置，如图9.3-8所示。

图9.3-8　"属性"面板

在"页面属性"对话框中，将页面字体设置为默认字体，大小设置为12px，左、右、上、下边距均设置为0px，然后单击"确定"按钮完成页面属性的设置，如图9.3-9所示。

图9.3-9　"页面属性"对话框

步骤二：插入div完成页面布局

在插入栏中单击"布局"选项卡中的"标准"按钮，将工具栏切换为布局标准形式，如图9.3-10所示。

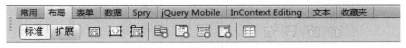

图9.3-10　布局标准形式

然后单击 图标，确定完成重庆市少年宫网站首页页面的布局，如图9.3-11所示。

在完成布局后，依次把重庆市少年宫网站首页的页面元素插入页面中，完成页面制作，并把图片展示区域留空。最终效果如图9.3-12所示。

步骤三：绘制AP div

在插入栏中单击"布局"选项卡中的"标准"按钮，将工具栏切换为布局标准形式，如图9.3-13所示。

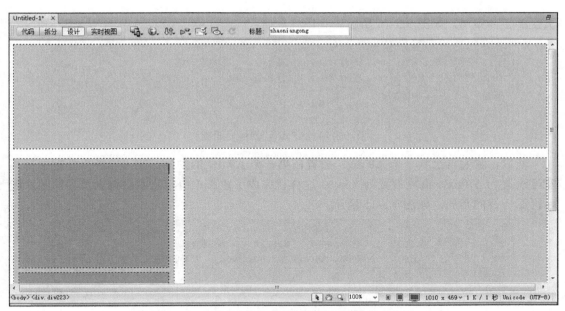

图 9.3-11　重庆市少年宫网站首页页面的基本布局

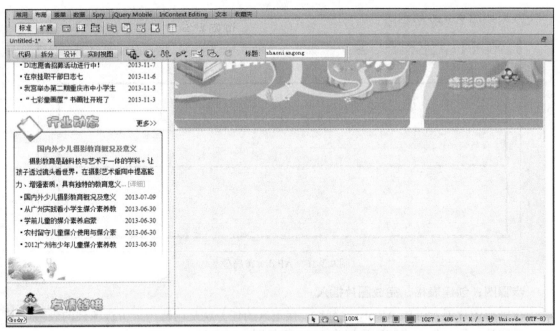

图 9.3-12　重庆市少年宫网站首页页面的最终效果

图 9.3-13　布局标准形式

单击"布局"选项卡中的 ▤ 图标，插入一个 AP div。在"属性"面板中将其宽度设置为 670px，高度设置为 236px。同时将可见性设置为 hidden，这样图片放大后就不会影响页面的整体布局，如图 9.3-14 所示。

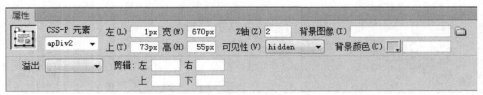

图 9.3-14　AP div "属性" 面板

然后，我们再绘制一个 AP div，放置在第一个 AP div 的中间。在 "属性" 面板中将其宽度设置为 670px，高度设置为 55px。这样就完成了重庆市少年宫网站首页页面的图片展示区第一行的布局，如图 9.3-15 所示。

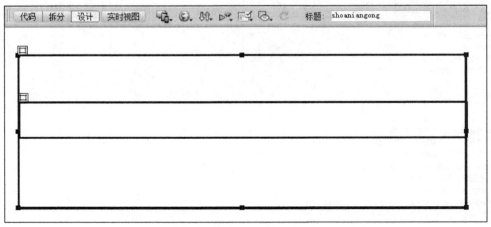

图 9.3-15　AP div "属性" 面板

效果如图 9.3-16 所示。

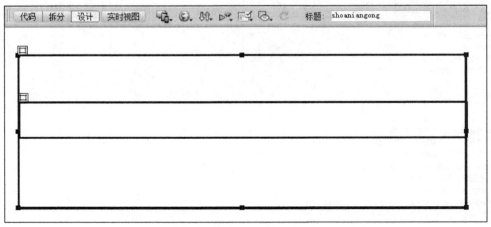

图 9.3-16　AP div 布局效果

步骤四：创建表格，完成图片插入

在完成图片展示区的 AP div 绘制后，接下来的任务就是创建一个 1 行 4 列的表格，用来放置图片，同时将表格宽度设置为 100%，如图 9.3-17 所示。

然后在表格中插入 4 张图片，这样就形成了一个基本的图片展示栏的效果，如图 9.3-18 所示。

接下来，我们就要制作当鼠标指针经过图片上方时图片放大的效果了。选择第一张图片，在 "属性" 面板中给其添加一个 ID，如 im1，如图 9.3-19 所示。

然后给图片添加行为，单击 "行为" 面板中的 "添加行为" 按钮 **+.**，在打开的下拉菜单中选择 "改变属性" 命令，如图 9.3-20 所示。

图 9.3-17　新建表格

图 9.3-18　插入图片后的效果

图 9.3-19　图片"属性"面板

在弹出的"改变属性"对话框中，选择元素类型为 IMG，元素 ID 为刚才设置的 im1，属性选择"输入"，并在文本框中输入 width，这是图片的宽度属性，将新的值设置为 300，如图 9.3-21 所示。

图 9.3-20　行为下拉菜单

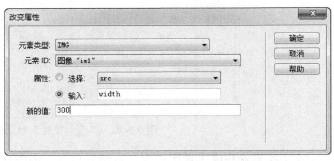

图 9.3-21　"改变属性"对话框 1

　　然后将"行为"面板中的触发行为修改为 onMouseOver，也就是当鼠标指针经过图片上方时，就会将图片的宽度修改为 300px，如图 9.3-22 所示。

　　接着来再添加一个行为，属性选择"输入"，并在文本框中输入 height，这是图片的高度属性，目的是当鼠标指针经过图片上方时，将图片的高度修改为 150px，如图 9.3-23 所示。

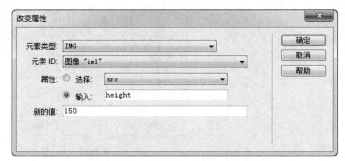

图 9.3-22　修改行为属性 1　　　　　　　　图 9.3-23　"改变属性"对话框 2

　　在完成这一步后，同样将"行为"面板中的触发行为修改为 onMouseOver，也就是当鼠标指针经过图片上方时，就会将图片的高度修改为 150px，如图 9.3-24 所示。

　　接下来，使用同样的方式再添加 2 个鼠标指针离开图片时的行为，使当鼠标指针离开图片后图片能恢复到原来的大小。在行为添加完成后，将"行为"面板中的触发行为修改为 onMouseOut，分别如图 9.3-25 与图 9.3-26 所示。

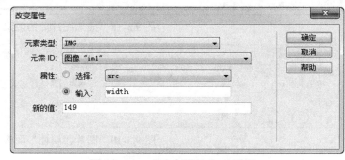

图 9.3-24　修改行为属性 2　　　　　　　　图 9.3-25　"改变属性"对话框 3

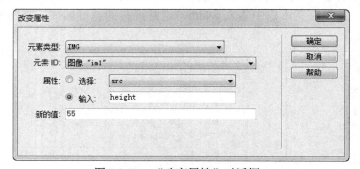

图 9.3-26　"改变属性"对话框 4

　　这时，我们就完成了重庆市少年宫网站首页页面图片展示区的图片放大特效的制作了，表格中的具体代码如下：

```
<div id="apdiv2">
<table width="100%" border="0">
<tr>
<td><img src="20130905160802958750.jpg" width="150" height="55" id="im1" onmouseover
="MM_changeProp('im1','','height','150','IMG');MM_changeProp('im1','','height','150',
'IMG')" onmouseout="MM_changeProp('im1','','height','55','IMG');MM_changeProp('im1','',
'width','149','IMG')" /></td>
    <td><img src="dt6.jpg" name="im1" width="149" height="55" id="im2" onmouseover="
MM_changeProp('im2','','width','300','IMG');MM_changeProp('im2','','height','150',
'IMG')" onmouseout="MM_changeProp('im2','','height','55','IMG');MM_changeProp('im2','',
'width','149','IMG')" /></td>
    <td><img src="sad.jpg" width="149" height="55" id="im2" onmouseover="MM_changeProp
('im2','','width','300','IMG');MM_changeProp('im2','','height','150','IMG')" onmouseout=
"MM_changeProp('im2','','height','55','IMG');MM_changeProp('im2','','width','149',
'IMG')" /></td>
    <td><img src="dt10.jpg" width="149" height="55" id="im2" onmouseover="MM_changeProp
('im2','','width','300','IMG');MM_changeProp('im2','','height','150','IMG')" onmouseout=
"MM_changeProp('im2','','height','55','IMG');MM_changeProp('im2','','width','149',
'IMG')" /></td>
</tr>
</table>
</div>
```

9.4　任务总结

几个常见的行为动作如下所述。

1．交换图像与恢复交换图像

"交换图像"动作通过更改<img>标签的 src（图像文件的 URL）属性将一幅图像变换为另一幅图像，而"恢复交换图像"动作则将变换的图像还原为其初始图像。这两个动作的组合可以创建按钮鼠标经过图像的效果和按钮鼠标离开图像的效果，在菜单栏中选择"插入"→"图像对象"→"鼠标经过图像"命令会自动将"交换图像"和"恢复图像交换"动作添加到页面中。

2．弹出信息

使用"弹出消息"动作可以设置一个带有指定消息的 JavaScript 警告框。因为 JavaScript 警告框只有一个"确定"按钮，所以使用此动作仅仅能提供信息而不能使用户做出选择。

3．打开浏览器窗口

使用"打开浏览器窗口"动作可以在一个新窗口中打开 URL，并指定新窗口的属性，包括窗口大小、是否可调整大小、是否具有菜单栏及名称等。例如，使用此动作可以在访问者单击缩略图时在一个单独的窗口中打开一幅较大的图像。

4．拖动层

"拖动层"动作允许拖动页面中的"层"元素，可以指定拖动层的方向。若层在某个固定大小的目标中，还可以设置是否将层与目标对齐、当层受目标影响时如何处理等。

5. 控制 Shockwave 或 Flash

使用"控制 Shockwave 或 Flash"动作可以通过事件控制 Shockwave 或 Flash 影片的播放、停止、倒带等。

6. 播放声音

使用"播放声音"动作可以播放声音。例如，可以在每次鼠标指针滑过某个链接时播放一段声音效果，或者在页面载入时播放音乐剪辑。

7. 改变属性

使用"改变属性"动作可以更改对象的某个属性值，如样式、颜色、大小、层的背景颜色或表单的动作等。可以更改的属性是由浏览器决定的，在 IE 5 中通过此行为可以更改的属性比 IE3 或 IE4 或 NS3 或 NS4 多得多。

8. 时间轴

使用"时间轴"动作可以控制页面中时间轴的播放，此动作的功能类似于"控制 Shockwave 或 Flash"动作的功能。

9. 显示－隐藏层

"显示－隐藏层"动作可以显示、隐藏或恢复一个或多个层的默认可见性。此动作用于在用户与网页进行交互时显示信息，例如，当用户将鼠标指针滑过一幅植物的图像时，可以显示一个层来给出有关该植物的生长季节和地区、需要多少阳光、可以长到多大等详细信息。

10. 检查插件

使用"检查插件"动作可以判断访问者是否安装了指定插件，并决定是否转到其他页面。例如，若用户已经安装了 Shockwave 插件，则可以转到需要 Shockwave 的页面，否则转到其他页面。

11. 检查浏览器

使用"检查浏览器"动作可以根据访问者使用的浏览器品牌和版本转到不同的页面。例如，可以将使用 Netscape Navigator 4.0 或更高版本浏览器的访问者转到一个页面，而将使用 Internet Explorer 4.0 或更高版本浏览器的访问者转到另一个页面，并让使用任何其他类型浏览器的访问者继续保持当前页面。将此行为附加到页面的<body>标签中是非常有用的，它保证了兼容任何浏览器。这样，即使访问者关闭 JavaScript 功能来到该页面时，仍然可以查看到一些内容。

12. 调用 JavaScript

"调用 JavaScript"动作允许用户使用"行为"面板来指定当发生某个事件时应该执行的自定义函数或 JavaScript 代码行。设计者可以自己编写 JavaScript 代码或使用 Internet 上多个免费的 JavaScript 库中提供的代码。

13. 转到 URL

使用"转到 URL"动作可以在当前窗口或指定的框架中打开一个新页面，利用此动作可以一次更改两个或多个框架的内容。

14．预先载入图像

"预先载入图像"动作将在浏览器缓存中载入不会立即出现在页面上的图像，这样可以防止图像变换时导致的延迟。当然，除了 Dreamweaver 在"行为"面板中提供的一些基本行为动作，用户也可以在 Internet 上下载其他行为作为扩展行为使用，若用户对 JavaScript 比较熟悉，则还可以自己编写行为动作代码。

9.5　能力与知识拓展

设计与制作交换图像

在一般的门户网站中，我们经常会因为在页面上看到满屏的文字信息而感到厌烦，而通过一些小的简单特效就能增加页面的交互性，提高浏览者的兴趣——交换图像就是其中一个代表例子。

现在我们就一起来学习一下交换图像特效的设计与制作。交换图像的效果其实就是当鼠标指针移动到图像上时，该图像会自动地变换成另一幅图像，从而增加页面的交互性。同时，也借着交换图像的特效，大家一起进一步了解与认识一下如何添加更多的行为。

在这里，我们通过添加行为来完成特效的制作。任何时候添加行为都需要遵循 3 个步骤：选择对象、添加动作和调整事件。

步骤一：新建一个 AP div

在插入栏中单击"布局"选项卡中的"标准"按钮，将工具栏切换为布局标准形式，如图 9.5-1 所示。

图 9.5-1　布局标准形式

单击"布局"选项卡中的 ▤ 图标，插入一个 AP div 完成布局，然后添加一张图像。效果如图 9.5-2 所示。

步骤二：选择"交换图像"命令

打开"行为"面板，单击其中的"添加行为"按钮，在其下拉菜单中选择"交换图像"命令，如图 9.5-3 所示。

步骤三：交换图像

在弹出的"交换图像"对话框中，单击其中的"浏览"按钮，选择我们想要替换的图像，完成后单击"确定"按钮，如图 9.5-4 所示。

图 9.5-2　插入图像的效果

图 9.5-3　行为下拉菜单

步骤四：添加行为的效果

此时，在"行为"面板中，列表中将显示我们刚刚添加的动作 onMouseOver 及相应的事件，如图 9.5-5 所示。

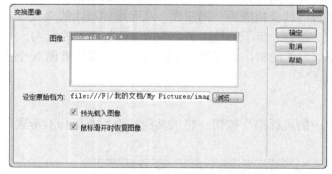

图 9.5-4　"交换图像"对话框

图 9.5-5　"行为"面板

在完成上述的步骤后，交换图像的简单特效就设计与制作完成了。我们可以在保存后预览页面，当鼠标指针移动到图像上时，就能自动地变换为我们添加的图像，而当鼠标指针移开时又恢复到原来的图像。这么一个小小的交换变化，其独特的趣味性就能够提高用户的浏览积极性。

9.6　巩固练习

留言本的设计与制作

利用 onFocus 事件来制作当鼠标指针移动到动画上时打开活动公告窗口——打开浏览器窗口的特效，如图 9.6-1 所示。

图 9.6-1　留言本的效果

步骤一：分析网页布局框架

当拿到一个页面时不要急于盲目制作，首先分析页面的构造框架，想好采用什么方式进行页面布局，并绘制布局线框结构图。

步骤二：新建站点

前面已经介绍过了创建站点的步骤，这里不再重述。详细步骤请见前面章节。

步骤三：使用"行为"面板来制作页面简单特效

通过添加行为来完成页面简单特效，如在页面中能打开活动公告信息。

（1）单击"行为"面板上的"添加行为"按钮。

（2）选择打开浏览器窗口。

（3）设置新窗口显示网页。

（4）设置触发事件为 onClick。

项目10
网页多媒体设计与制作

在网页设计中，多媒体技术主要是指在网页上运用音频、视频传递信息的一种方式。在网络传输速度越来越快的今天，音频和视频技术已经被越来越广泛地应用在网页设计中，比起静态的图片和文字，音频和视频可以为用户提供更直观、丰富的信息。

本项目将对 HTML5 多媒体的特性及创建音频和视频的方法进行介绍。本项目以音乐播放器页面为案例，详细讲解 HTML5 音频<audio>标签和视频<video>标签。本项目采用项目教学法，以任务驱动法教学，从而提高大家的学习积极性，充分体现了产教结合的思想目标。

10.1　任务目标

知识目标

1．熟悉 HTML5 多媒体的特性。
2．了解 HTML5 支持的音频和视频格式。
3．掌握 HTML5 中视频<video>标签的相关属性。
4．掌握 HTML5 中音频<audio>标签的相关属性。
5．掌握 HTML5 中视频、音频的一些常见操作。

技能目标

1．能够在 HTML5 页面中添加视频文件。
2．能够在 HTML5 页面中添加音频文件。
3．能够在网页制作中应用视频、音频操作。

素质目标

1．培养规范的编码习惯。
2．培养团队的沟通、交流和协作能力。
3．使学生深刻理解社会主义核心价值观，增强爱国主义情怀。

10.2　知识准备

本项目介绍的主要内容是多媒体技术。在网页设计中，多媒体技术主要是指在网页上运用音频、视频传递信息的一种方式。在网络传输速度越来越快的今天，音频和视频技术已经被越来越广泛地应用在网页设计中，比起静态的图片和文字，音频和视频可以为用户提供更直观、丰富的信息。本项目将对 HTML5 多媒体的特性及创建音频和视频的方法进行详细讲解。

10.2.1　HTML5 多媒体的特性

在 HTML5 出现之前，如果想要在网络上展示视频、音频和动画等，除了使用第三方开发的播放器，使用最多的工具就是 Flash，但是它需要在浏览器中安装插件才能使用，并且实现代码复杂且冗长，有时速度还很慢。HTML5 的出现彻底解决了这个问题，HTML5 提供了音频、视频的标准接口，通过 HTML5 中的相关技术，视频、音频和动画等多媒体的播放再也不需要安装插件，只要一个支持 HTML5 的浏览器就可以了。

10.2.2　视频和音频编解码器

由于视频和音频的原始数据都比较大，因此如果不对其进行编码就放到互联网上，则传播时会消耗大量时间，无法实现流畅的传输或播放。这时通过视频和音频编解码器对视频和音频文件进行压缩，就可以实现视频和音频的正常传输和播放了。

1．视频编解码器

视频编解码器是指一个能够对数字视频进行压缩或解压缩的程序或设备。通常这种压缩属于有损数据压缩。视频编解码器定义了多媒体数据流编码和解码的算法。其中，视频编码器主要是对数据流进行编码操作，用于存储和传输；视频解码器主要是对视频文件进行解码操作，例如，使用视频播放器观看视频，就需要先对视频文件进行解码，再播放视频。目前，使用最多的 HTML5 视频解码文件是 H.264、Theora 和 VP8。

1）H.264

H.264 是国际标准化组织（ISO）和国际电信联盟（ITU）共同提出的继 MPEG4 格式之后的新一代数字视频压缩格式，是 ITU-T 以 H.26x 系列为名称命名的视频编解码技术标准之一。

2）Theora

Theora 是免费、开放的视频压缩编码技术，可以支持从 VP3 HD 高清到 MPEG-4/DiVX 的视频格式。

3）VP8

VP8 是第八代的 On2 视频压缩技术，它不但能以更少的数据提供更高质量的视频，而且只需较小的处理能力即可播放视频。

2．音频编解码器

音频编解码器定义了音频数据流编码和解码的算法。与视频编解码器的工作原理相同，音频编码器主要用于对数据流进行编码操作，音频解码器主要用于对音频文件进行解码操作。目前，使用最多的 HTML5 音频解码文件是 AAC、MP3 和 Ogg。

1）AAC

AAC 是 Advanced Audio Coding（高级音频编码）的缩写，它是基于 MPEG-2 标准的音频编码技术，目的是取代 MP3 格式。2000 年 MPEG-4 标准出现后，AAC 重新集成了其特性，加入了 SBR 技术和 PS 技术。

2）MP3

MP3 是 MPEG-1 Audio Layer-3 的缩写。它被设计用来大幅度地降低音频数据量。利用该技术，可以将音频文件以 1∶10 甚至 1∶12 的压缩率压缩成容量较小的文件，而音质并不会明显地下降。

3）Ogg

Ogg 全称为 Ogg Vorbis，它是一种新的音频压缩格式，类似于 MP3 等现有的音频压缩格式。Ogg Vorbis 有一个很出众的特点，那就是支持多声道。

10.2.3　多媒体的格式

运用 HTML5 的<video>和<audio>标签可以在页面中嵌入视频或音频文件，如果想要这些文件在页面中加载播放，则还需要设置正确的多媒体格式。HTML5 中常见的视频和音频格式如下所述。

1．视频格式

在 HTML5 中嵌入的视频格式主要包括 Ogg、MPEG4 和 WebM 格式等。

（1）Ogg 格式。Ogg 格式文件是一种开源的视频封装容器，其视频文件的扩展名为.ogg。Ogg 格式文件可以封装 Vorbis 音频编码或 Theora 视频编码，也可以将音频编码和视频编码进行混合封装。

（2）MPEG4 格式。MPEG4 格式是目前十分流行的视频格式，其视频文件的扩展名为.mp4。在同等条件下，MPEG4 格式的视频质量较好，但是它的专利被 MPEG-LA 公司控制，任何支持播放 MPEG4 格式视频的设备，都必须有一张 MPEG-LA 公司颁发的许可证。目前 MPEG-LA 公司规定，只要是互联网上免费播放的视频，均可以无偿获得使用许可证。

（3）WebM 格式。WebM 格式是 Google 发布的一个开放、免费的媒体文件格式，其视频文件的扩展名为.webm。由于 WebM 格式视频的质量与 MPEG4 格式视频的质量较为接近，并且没有专利限制等问题，因此 WebM 格式已经被越来越多的人所使用。

2．音频格式

音频格式是指要在计算机内播放或处理音频文件。在 HTML5 中嵌入的音频格式主要包括 Ogg、MP3 和 Wav 格式等。

（1）Ogg 格式。当 Ogg 格式文件只封装音频编码时，它就会变成一个音频文件。Ogg 音频文件的扩展名为.ogg。Ogg 音频格式类似于 MP3 音频格式，不同的是，Ogg 格式完全免费并且没有专利限制。在同等条件下，Ogg 音频格式文件的音质、体积大小优于 MP3 音频格式文件。

（2）MP3 格式。MP3 格式是目前主流的音频格式，其音频文件的扩展名为.mp3。与 MPEG4 视频格式相同，MP3 音频格式也存在专利、版权等诸多的限制，但是各大硬件提供商的支持使得 MP3 依靠其丰富的资源、良好的兼容性仍旧保持较高的使用率。

（3）Wav 格式。Wav 格式是微软公司（Microsoft）开发的一种声音文件格式，其音频文件的扩展名为.wav。作为无损压缩的音频格式，Wav 音频格式文件的音质是 3 种音频格式文件中最好的，但是其体积也是最大的。Wav 音频格式文件最大的优势是被 Windows 平台及其应用程序广泛支持，是标准的 Windows 文件。

10.2.4　支持视频或音频的浏览器

到目前为止，很多浏览器已经实现了对 HTML5 中 video 和 audio 元素的支持。主流浏览器对 video 和 audio 元素的支持情况如表 10.2.4-1 所示。

表 10.2.4-1　主流浏览器对 video 和 audio 元素的支持情况

浏　览　器	支　持　版　本	支持 Audio 格式	支持 Video 格式
IE	9.0 及以上版本	Ogg,MP3,MP4	MP4,WebM
Chrome	3.0 及以上版本	Ogg,MP3,ACC,MP4	Ogg,WebM,MP4
Firefox	3.5 及以上版本	Ogg,Wav	Ogg,WebM
Opera	10.5 及以上版本	Ogg,Wav	Ogg,WebM
Safari	3.0 及以上版本	MP3,ACC,MP4	MP4

表 10.2.4-1 中列举了当前主流浏览器对 video 和 audio 元素的支持情况。但是在不同的浏览器上显示视频的效果也略有不同。

10.2.5　在网页中嵌入音频

1．<audio>标签

HTML5 规定了一种通过 audio 元素访问音频的方法，它能够播放声音文件或音频流。它支持 3 种音频格式，分别为 Ogg、MP3 和 Wav 格式，我们只需要在 HTML 代码中添加<audio>标签，并在标签中设置属性指定资源位置，就可以简单地实现对音频文件的访问，基本语法格式如下：

```
<audio src="音频文件路径" controls="controls"></audio>
```

在基本语法格式中，src 属性用于设置音频文件的路径，controls 属性用于为音频提供播放控件，在<audio>和</audio>标签之间可以添加文字，用于在不支持 audio 元素的浏览器中显示提示信息。

示例代码如下：

```
<!DOCTYPE html>
<html>
<head>
<meta http-equiv="Content-Type" charset="utf-8" />
<title>音频播放</title>
</head>
<body>
<audio src="music.mp3" controls autoplay="autoplay" loop>
你的浏览器不支持播放该音频
</audio>
</body>
</html>
```

在浏览器中展示音频示例效果，如图 10.2.5-1 所示。

图 10.2.5-1　音频示例效果

在上述示例代码中，src 属性指定了同目录下的音频文件 music.mp3，同时设置了 controls 属性，所以在浏览器中查看网页效果时就可以看到用于控制音频文件播放状态的播放控件，单击"播放"按钮，即可播放音频文件。

2．<audio>标签属性

在<audio>标签中还可以添加其他属性，来进一步优化音频的播放效果。<audio>标签中常用的属性有 autoplay、loop 和 preload。

（1）autoplay 属性的作用是让<audio>标签所代表的音频资源在页面完成加载后自动播放。示例代码如下：

```
<audio src="music.mp3" controls="controls" autoplay="autoplay">
```

（2）loop 属性的作用是让音频播放完成后重新播放，即<audio>标签下的音频资源将被循环播放。示例代码如下：

```
<audio src="music.mp3" controls="controls" autoplay="autoplay" loop>
```

（3）preload 属性的作用是在页面加载后能开始载入音频资源，而不是在用户单击开始播放后再载入。这样做的好处是可以让音频资源自动加载，在用户单击时就可以直接播放而不需要花费额外的时间来缓冲。但是如果已经设置了 autoplay 属性，那么就不用再设置 preload 属性了，这是因为自动播放本身就已经包括了自动加载。示例代码如下：

```
<audio src="music.mp3" controls="controls" preload="auto">
```

10.2.6　在网页中嵌入视频

1．<video>标签

HTML5 规定了一种通过 video 元素访问视频的方法，在 HTML5 中，<video>标签用于定义播放视频文件的标准，它支持 3 种视频格式，分别为 Ogg、WebM 和 MPEG4 格式，基本语法格式如下：

```
<video src="视频文件路径" controls="controls"></video>
```

在基本语法格式中，src 属性用于设置视频文件的路径，controls 属性用于为视频提供播放控件，这两个属性是 video 元素的基本属性。在<video>和</video>标签之间一样可以添加文字，用于在不支持 video 元素的浏览器中显示提示信息。

示例代码如下：

```
<!DOCTYPE html>
<html>
<head>
<meta http-equiv="Content-Type" charset="utf-8" />
<title>视频播放</title>
</head>
<body>
<video src="新中国成立70周年成果展.mp4" controls>
你的浏览器不支持播放该视频
</video>
</body>
</html>
```

在浏览器中展示视频示例效果，如图 10.2.6-1 所示。

图 10.2.6-1　视频示例效果

在上述示例代码中，在<body>标签内添加了一个<video>标签，通过 src 属性指定了同目录下的视频资源，通过 controls 属性为页面中的视频资源提供了默认的播放控制控件，该控件虽然会根据浏览器的不同显示不同的外观，但是基本功能一致。

2．在<video>标签内设置宽度和高度

通常在<video>标签内指定元素的宽度和高度来设置视频资源在页面中的大小，或者通

过 CSS 代码来定义<video>视频元素的宽度和高度。在同时指定一个视频资源的宽度和高度时，需要注意的是，所设定的宽度和高度之间的比例应当与视频资源本身画面的宽高比例一致。若不一致，则在设置 controls 属性后，浏览器的默认播放空间将异常显示。例如，在上例代码中设置如下的宽高比例值：

```
<video src="新中国成立70周年成果展.mp4" width="2000px" height="1900px" controls>
```

效果如图 10.2.6-2 所示。

图 10.2.6-2　宽高比例不一致的视频效果

如果将<video>视频元素设置成如上的宽高比例，则可能会出现类似的播放控件与视频不协调的情况。因此通常比较安全的做法是只设置宽度或高度，浏览器会自动将没有设置的属性调节成相应比例并显示，这样就不会出现播放控件与视频不协调的状况。例如，将代码进行如下设置：

```
<video src="新中国成立70周年成果展.mp4" width="80%" controls>
```

效果如图 10.2.6-3 所示。

图 10.2.6-3　只设置宽度的视频效果

3．<video>标签属性

<video>标签与<audio>标签相同，可以通过设置其属性来优化视频的播放效果。<video>标签中常用的属性有 src、preload、autoplay、loop、controls、width、height、poster 及一个内部使用的标签<source>。其中，src、preload、autoplay、loop 和 controls 属性的作用与<audio>标签中各属性的作用相同，width 和 height 属性用于设置视频元素在页面中的大小。接下来重点介绍 poster 属性。

很多视频在视频未播放时或视频数据无效时，网页中的视频元素中会显示一个视频封面图片，在大多数情况下，这个封面图片可能与视频内容并不相关，通过 poster 属性就可以实现该功能。

示例代码如下：

```
<video poster="http://www.yuming.com/images/index.jpg" src="新中国成立70周年成果展.mp4"
controls>
```

通过设置<video>标签的 poster 属性实现将如图 10.2.6-4 所示的图片设置成视频封面图片，效果如图 10.2.6-5 所示。

图 10.2.6-4　视频封面图片　　　　图 10.2.6-5　设置视频封面图片的视频效果

10.3　简单音乐播放器设计与制作任务实施

任务陈述

本任务的主要内容是使用 HTML 基本多媒体元素的属性及相关事件来设计与制作一个简单的音乐播放器，并能够实现播放、暂停、快播、慢播和音量调节等常用功能。完成效果如图 10.3-1 所示。涉及的基础知识主要包括 HTML 视频<video >标签和音频<audio >标签。

图 10.3-1　音乐播放器效果

任务分析

在前文任务陈述中，我们大体地了解了这个任务的性质与所要注意的知识点，然后通过观察如图 10.3-1 所示的音乐播放器效果可以看出，音乐播放页面整体由背景图、左边的歌词和播放控件及右边的图片 3 部分组成。其中，背景图部分是插入的视频，可以通过<video>标签进行定义；左边的歌词部分则可以通过 h1 和 p 标签选择器进行定义。图 10.3-1 对应的页面结构如图 10.3-2 所示。

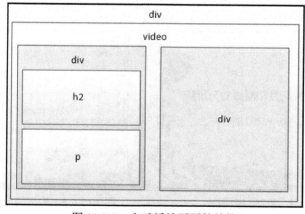

图 10.3-2　音乐播放页面的结构

任务 1：创建音乐播放器网页

步骤一：创建音乐播放器页面站点

请参照学习项目 5 中的内容，这里不再赘述。

步骤二：根据网页结构制作网页

新建 HTML 文档，并保存为 craftsman.html。然后使用相应的 HTML 标签来搭建网页结构，并设置基本内容，关键代码如下：

```
<div>
    <video  src="video/background.mov" autoplay loop controls>浏览器不支持<video>标签
</video>
    <div>
        <h1>我和我的祖国</h1>
        <p>
        我和我的祖国 <br/> 一刻也不能分割 <br/>
        无论我走到哪里 <br/> 都流出一首赞歌 <br/>
        我歌唱每一座高山 <br/> 我歌唱每一条河 <br/>
        袅袅炊烟  小小村落 <br/> 路上一道辙 <br/>
        我最亲爱的祖国 <br/> 我永远紧依着你的心窝<br/>
        你用你那母亲的脉搏和我诉说 <br/>
        </p>
        <audio  src="music/music1.mp3" loop  controls></audio>
    </div>
    <div  class="bottom">
        <input type="button"  value="播放" />
        <input type="button"  value="快放" />
        <input type="button"  value="慢放" />
        <input type="button"  value="提高音量" />
        <input type="button"  value="降低音量" />
    </div>
    <div class="img"></div>
</div>
```

代码运行后的效果如图 10.3-3 所示。

图 10.3-3 音乐播放页面的效果

步骤三：定义 CSS 样式

搭建完页面的结构，接下来采用从整体到局部的方式为页面添加 CSS 样式。创建 CSS 样式文件，并将其命名为 style.css。

1．定义基础样式

在定义 CSS 样式时，首先需要清除浏览器的默认样式，具体 CSS 代码如下：

```
*{margin:0; padding:0;}
```

2．整体控制音乐播放页面

通过一个大的 div 对音乐播放页面进行整体控制，需要将其宽度设置为 100%，高度设置为 100%，使其自适应浏览器页面的大小，具体代码如下：

```
#box-video{
    width:100%;
    height:100%;
    position:absolute;
    overflow:hidden;
    }
```

在上面控制音乐播放页面的样式代码中，"overflow:hidden;"样式用于隐藏浏览器滚动条，使视频能够固定在浏览器页面中，不被拖动。

3．设置视频文件样式

运用<video>标签在页面中嵌入视频。由于视频的宽度和高度远超出浏览器页面的大小，因此在设置视频文件样式时需要通过设置最大宽度和最大高度来将视频大小限制在一定范围内，使其自适应浏览器页面的大小。具体代码如下：

```
#box-video video{
    max-width:100%;
    max-height:100%;
    position:absolute;
    top:50%;
    left:50%;
    transform:translate(-50%,-50%)
    }
```

在上面控制视频的样式代码中，通过定位和 margin 属性将视频始终定位在浏览器页面的中间位，这样无论浏览器页面放大或缩小，视频都将在浏览器页面中居中显示。

4．设置歌词部分样式

歌词部分是一个大的 div 内部嵌套一个 h1 标签选择器和一个 p 标签选择器，其中，p 标签选择器的背景是一张渐变图片，需要让其沿 X 轴平铺，具体代码如下：

```
.song{
    position:absolute;
    top:10%;
    left:10%;
    }
@font-face{
    font-family:MD;
    src:url(font/MD.ttf);
    }
h1{
    font-family:MD;
    font-size:110px;
    color:#913805;
```

```
    }
p{
    width:430px;
    height:300px;
    font-family:"微软雅黑";
    padding-left:30px;
    line-height:30px;
    background:url(images/bg.png) repeat-x;
    box-sizing:border-box;
    text-align:center
    }
```

5. 设置图片部分样式

图片部分是一个盒子，可以通过盒子的宽度和高度、定位、背景图片等对图片部分样式进行设置，具体代码如下：

```
.img{
    width:300px;
    height:400px;
    position:absolute;
    top:30%;
    left:60%;
    z-index:2;
    border:3px solid #FFF;
    box-shadow:5px 5px 15px #000;
    background:url(images/img0.jpg) no-repeat;
}
```

6. 在页面中引入 CSS 样式文件

代码如下：

```
<link rel="stylesheet" href="style.css" type="text/css" />
```

至此，我们就完成了如图 10.3-3 所示音乐播放页面的 CSS 样式的设置。将该样式应用于网页后，设置样式后的音乐播放页面的效果如图 10.3-4 所示。

图 10.3-4　设置样式后的音乐播放页面的效果

任务 2：实现音乐播放功能

步骤一：添加 JavaScript 代码实现初始化

在实现音乐播放器的播放、暂停、快播、慢播和音量调节等功能时，需要知道用户点击的按钮控件具体是控制哪一个视频或音频的播放的，因此需要对音频和视频的按钮控件进行初始化。初始化代码如下：

```
var speed=1; //播放速度
var volume=1; //播放音量
var video=document.getElementById("audio");
var playbutton=document.getElementById("buttonPlay");
var buttonSpeedUp=document.getElementById("buttonSpeedUp");
var buttonSpeedUpDown=document.getElementById("buttonSpeedUpDown");
var buttonVolumeUp=document.getElementById("buttonVolumeUp");
var buttonVolumeDown=document.getElementById("buttonVolumeDown");
var showTime=document.getElementById("showTime");
```

步骤二：实现播放和暂停功能

当单击"播放"按钮时，视频开始播放，"播放"按钮内容实现"暂停"；当单击"暂停"按钮时，视频暂停播放，"暂停"按钮内容实现"播放"。具体实现代码如下：

```
function playOrPause()
{
  if(video.paused) //如果当前播放状态为暂停，则单击后开始播放
  {
    playbutton.value="暂停";
    video.play();
    video.playbackRate=speed;
    video.volume=volume;
    //启用控制工具条上的其他按钮
    buttonSpeedUp.disabled="";
    buttonSpeedUpDown.disabled="";
    buttonVolumeUp.disabled="";
    buttonVolumeDown.disabled="";
  }
  else //如果当前播放状态为播放，则单击后暂停播放
  {
    playbutton.value="播放";
    video.pause();
    //禁用控制工具条上的其他按钮
    buttonSpeedUp.disabled="disabled";
    buttonSpeedUpDown.disabled="disabled";
    buttonVolumeUp.disabled="disabled";
    buttonVolumeDown.disabled="disabled";
  }
}
```

步骤三：实现快放和慢放功能

当单击"快放"按钮时，视频播放速度值增加 1；当单击"慢放"按钮时，视频播放速度值减少 1。但是视频最小播放速度值不能小于 0。具体实现代码如下：

```
//提高播放速度
function speedUp()
```

```
{
  video.playbackRate+=1;
  speed=video.playbackRate;
}
//降低播放速度
function speedDown()
{
  video.playbackRate-=1;
  if(video.playbackRate<0)
  {
    video.playbackRate=0;
  }
  speed=video.playbackRate;
}
```

步骤四：实现提高音量和降低音量功能

当单击"提高音量"按钮时，音量值增加 0.1；当单击"降低音量"按钮时，音量值减少 0.1。但是最小音量值不能小于 0，最大音量值不能大于 1。具体实现代码如下：

```
//增大音量
function volumeUp()
{
  if(video.volume<1)
  {
    video.volume+=0.1;
    if(video.volume>0)
    {
      video.muted=false;
    }
  }
  volume=video.volume;
}
//降低音量
function volumeDown()
{
  if(video.volume>0)
  {
    video.volume-=0.1;
    if(video.volume==0)
    {
      video.muted=true;
    }
  }
  volume=video.volume;
}
```

到此，功能实现的 JavaScript 代码就全部完成了。但是如果想要看到效果，则还需要在页面中引入 JavaScript 文件，并给按钮控件添加单击事件。具体代码如下：

```
<input type="button" id ="buttonPlay" onclick="playOrPause()" value="播放" />
<input type="button" id="buttonSpeedUp" onclick="speedUp()" value="快放" />
<input type="button" id="buttonSpeedUpDown" onclick="speedDown()" value="慢放" />
<input type="button" id="buttonVolumeUp" onclick="volumeUp()" value="提高音量" />
<input type="button" id="buttonVolumeDown" onclick="volumeDown()"  value="降低音
量" />
```

步骤五：查看运行效果

在浏览器中运行代码文件，单击"播放"按钮后效果如图 10.3-5 所示，单击"暂停"按钮后效果如图 10.3-6 所示。在多次单击"快放"或"慢放"按钮后，可以明显看到播放速度加快或减慢。在多次单击"提高音量"或"降低音量"按钮后，可以明显听到声音变大或减小。

图 10.3-5　开始播放后的页面效果

图 10.3-6　暂停播放后的页面效果

10.4　任务总结

通过对本项目知识的学习和任务的完成，我们了解了在网页中插入音频和视频的方法，关键知识点如下所述。

1. 基本格式

<audio>标签支持 Ogg、MP3 和 Wav 三种音频格式，<video>标签支持 Ogg、WebM 和 MPEG4 三种视频格式。播放音频和视频的基本格式分别如下：

```
<audio src="音频文件路径" controls="controls"></audio>
<video src="视频文件路径" controls="controls"></video>
```

2. 标签属性

在<audio>标签和<video>标签中常用的属性都有 controls、src、autoplay、loop 和 preload。其中，controls 属性的作用是为音频或视频提供播放控件；src 属性的作用是设置音频或视频文件的路径；autoplay 属性的作用是让<audio>标签和<video>标签所代表的资源在页面完成加载后自动播放；loop 属性的作用循环播放音频或视频资源；preload 属性的作用是在页面加载后能开始载入音频或视频资源，而不是在用户单击开始播放后再载入。<video>标签中还可以通过 width 和 height 属性来设置视频元素在页面中的大小；在视频未播放时或视频数据无效时，通过设置 poster 属性可以实现在网页中的视频元素中显示一个视频封面图片。

10.5　能力与知识拓展

利用 HTML5 实现视频弹幕功能

弹幕是指直接显现在视频上的评论，其可以以滚动、停留甚至更多的动作特效方式出现在视频上。弹幕是观看视频的人发送的简短评论。很多网站提供视频发送弹幕的功能，如 Niconico、AcFun、bilibili、dilili、otomads、Tucao、弹幕主义、爆点 TV 等。

接下来，利用 HTML5 实现视频弹幕功能。

步骤一：创建 HTML 文档，实现基本结构元素

```
<!-- 视频界面 -->
<div id="video">
  <video src="pian.mp4" controls >
</div>
<!-- 输入框和发送弹幕按钮 -->
<div id="send">
    弹幕内容: <input type="text" id="content">
    <button onclick="send()">发送</button>
</div>
```

步骤二：设置 CSS 样式

```
/*视频部分*/
#video{
    width:600px;
    height:255px;
    background:#F8F8FF;
    margin:0 auto;
    box-shadow:2px 2px 5px #333;
    position:relative;
    font-size:18px;
    overflow:hidden;
}
/*发送框和发送按钮*/
#send{
    width:500px;
    margin:0 auto;
    margin-top:30px;
}
/*弹幕*/
.barrage{
    position:absolute;
    display:block;
    left:800px;
}
```

步骤三：实现弹幕功能

```
// 创建一个弹幕
function createBarrage(content){
    //创建一个 span
    var barrage=document.createElement("span");
    //定义内容
    barrage.innerText=content;
    //指定 class
    barrage.className="barrage";
    //为弹幕设置一个随机的高度
    barrage.style.top=randomNum(10,450)+'px';
    //宽度
    barrage.style.width=content.length*16+'px';
    //为弹幕设置一个随机的颜色
    barrage.style.color=randomColor();
    //加入 video 中
    document.getElementById("video").appendChild(barrage);
    //开始滚动
    rolling(barrage)
}
//取随机数
function randomNum(minNum,maxNum){
    return parseInt(Math.random()*(maxNum-minNum+1)+minNum,10);
}
//取随机颜色
function randomColor(){
    var color="#";
    for(var i=0;i<6;i++){
        color += (Math.random()*16 | 0).toString(16);
    }
    return color;
}
//滚动弹幕
function rolling(object){
    //启动一个定时器，每10秒执行一次
```

```
        var a= setInterval(function () {
            //判断弹幕是否滚动出屏幕
            //取左边距，如果弹幕的最后一个字符的左边距大于0，则一直执行自减操作，通过上边的 CSS 样式
            //代码，我们知道每个字符的大小为 16px
            if (object.offsetLeft>-object.innerHTML.length*16) {
                object.style.left=object.offsetLeft-1+'px';
            }else{
                //如果弹幕已经滚动出屏幕，则删除本条弹幕
                object.parentNode.removeChild(object);
                //清理定时器
                clearInterval(a);
            }
        }, 10);
}
function send(){
    createBarrage(document.getElementById('content').value)
}
```

在完成设置后运行代码，运行效果如图 10.5-1 所示。用户输入弹幕内容并单击"发送"按钮后的效果如图 10.5-2 所示。输入多条弹幕后的效果如图 10.5-3 所示。

图 10.5-1　运行效果

图 10.5-2　输入一条弹幕后的效果

图 10.5-3　输入多条弹幕后的效果

10.6　巩固练习

1．自制一个音乐播放器或视频播放器，不使用 controls 属性实现如下功能：

（1）自定义控件及其样式，实现暂停、播放、快进和后退等功能。

（2）实现时间进度条的显示。

（3）实现音量的动态滑动功能。

2．在完成习题 1 的基础上，建立一个播放列表，将可播放的资源以列表的形式列出，并实现播放下一曲、前一曲功能。